中国高校信息技术与教学深度融合观察报告（2016）

中国高等教育学会　组编

北京理工大学出版社
BEIJING INSTITUTE OF TECHNOLOGY PRESS

图书在版编目（CIP）数据

中国高校信息技术与教学深度融合观察报告 . 2016 ／ 中国高等教育学会组编 . —北京：北京理工大学出版社，2017.7

ISBN 978 – 7 – 5682 – 4489 – 3

Ⅰ . ①中… 　Ⅱ . ①中… 　Ⅲ . ①电子计算机 – 教学研究 – 研究报告 – 高等学校　Ⅳ . ①TP3 – 42

中国版本图书馆 CIP 数据核字（2017）第 187107 号

出版发行／北京理工大学出版社有限责任公司

社　　　址／北京市海淀区中关村南大街 5 号

邮　　　编／100081

电　　　话／（010）68914775（总编室）

　　　　　　（010）82562903（教材售后服务热线）

　　　　　　（010）68948351（其他图书服务热线）

网　　　址／http：//www.bitpress.com.cn

经　　　销／全国各地新华书店

印　　　刷／保定市中画美凯印刷有限公司

开　　　本／787 毫米 ×1092 毫米　1/16

印　　　张／13.75　　　　　　　　　　　　　　　责任编辑／张慧峰

字　　　数／323 千字　　　　　　　　　　　　　　文案编辑／张慧峰

版　　　次／2017 年 7 月第 1 版　2017 年 7 月第 1 次印刷　　责任校对／周瑞红

定　　　价／58.00 元　　　　　　　　　　　　　　责任印制／李志强

编 委 会

主 任： 康　凯　叶之红

委 员（按姓氏笔画顺序）：

刘永贵　孙茂松　汪　琼　吴　博　陆国栋

陈永红　杨　鹏　武晓峰　张　芊　张一春

赵国栋　高晓杰　徐晓雄　蒋东兴

秘 书： 张　杰　于洪洪　胡　婕

撰稿人：

第一篇：鼓励政策与机制，由汪琼、杨鹏、武晓峰等编写；

第二篇：课程资源与应用，由吴博、孙茂松、刘永贵等编写；

第三篇：教学模式与创新，由陆国栋、赵国栋、张芊等编写；

第四篇：现状调查与分析，由赵国栋、刘永贵等编写；

第五篇：发展趋势与挑战，由张一春、陈永红、汪琼等编写。

统 稿： 叶之红　徐晓雄

以 MOOC 发展为契机促进信息技术与高等教育深度融合
（代　序）

　　高等教育信息化的根本目的在于促进高等教育现代化，高等教育信息化的关键在于将信息技术融入高等教育的全过程，并运用信息技术改变传统的教育教学模式，把以知识传授为主的教学方式转变为以能力和素质培养为主的教学方式，从而提升高等教育质量。信息技术在高等教育领域的发展，不仅是新的教育技术的运用，更重要的是教育理念与教育技术的相互促进与协同发展，并由此促进教育方法的创新和教育质量的提高。因此，高等教育信息化也是高等教育现代化的重要内容和重要指标之一。

　　《国家中长期教育改革和发展规划纲要（2010—2020年）》明确指出："信息技术对教育发展具有革命性影响，必须予以高度重视。把教育信息化纳入国家信息化发展整体战略，超前部署教育信息网络。到2020年，基本建成覆盖城乡各级各类学校的教育信息化体系，促进教育内容、教学手段和方法现代化。"[1]2012年3月13日，教育部发布的《教育信息化十年发展规划（2011—2020年）》指出，"以教育信息化带动教育现代化，破解制约我国教育发展的难题，促进教育的创新与变革，是我国教育事业发展的战略选择。教育信息化充分发挥现代信息技术优势，注重信息技术与教育的全面深度融合，在促进教育公平和实现优质教育资源广泛共享、提高教育质量和建设学习型社会、推动教育理念变革和培养具有国际竞争力的创新人才等方面具有独特的重要作用，是实现我国教育现代化宏伟目标不可或缺的动力与支撑"[2]。2012年9月5日，教育部召开全国教育信息化工作电视电话会议，会议强调，教育信息化是教育理念和教学模式的一场深刻革命；信息技术的深度应用，迫切要求教与学的"双重革命"，加快从以"教"为中心向以"学"为中心转变，从

"知识传授"为主向"能力培养"为主转变，从课堂学习为主向多种学习方式转变；着重推进信息技术与教育教学的全面深度融合，使我国教育信息化整体上接近国际先进水平，为实现教育现代化、建设学习型社会和人力资源强国提供坚实支撑[3]。

一、信息技术与高等教育深度融合的时机

现代信息技术空前深刻地改变着世界。当它走进工业，改变了工业生产过程；当它走进商业，改变了商业经营模式；当它走进军事，改变了军事力量与战争形态。正是由于信息化对当今世界如此重要，十八大报告明确把"信息化水平大幅提升"纳入全面建成小康社会的目标之一，并提出走中国特色新型工业化、信息化、城镇化、农业现代化道路，促进"四化"同步发展。这充分反映了在我国进入全面建成小康社会的决定性阶段，党和国家对信息化的高度重视和认识的进一步深化。目前，信息化本身已不再只是一种手段，而是成为了发展的目标和路径。教育特别是高等教育为信息化的普及、发展、提升培养了大批人才，但是，信息化对教育自身的改变在较长的时间内则相当微弱。近年出现的 MOOC①，使我们看到了信息化对高等教育的影响来势汹涌，看到了信息技术与高等教育的深度融合初显端倪。

信息技术与高等教育深度融合是以教育理念与教育技术的互动发展为条件的。一方面是教育理论的不断发展。脑科学、认知科学、思维科学、学习科学等领域不断深入的研究，产生了一大批有价值的成果，提出了许多重要的观点，特别是自主学习、个性化学习等观点；同时也产生了不少成功的教学实验案例。但是，新的教育理念在没有足够的教育技术支撑的条件下，难以取得普遍性的重大成果。另一方面是教育技术的迅猛发展。科学技术的发展对高等教育的影响是重大而深刻的，它不仅体现为教育教学资源的不断丰富，同时它还改变着教育教学自身的形态。从最早出现的远程教育来看，有了邮政就有了函授大学，有了广播就有了广播大学，有了电视就有了电视大学，有了网络就有了网络大学（学院）。这些都给高等教育事业的发展带来了深刻的影响，特别是对扩大高等教育规模、丰富优质高等教育资源、使更多的人接受高等教育，起了非常大的作用。但是总体来看，这些都还属于远程教育的范畴，教育者和受教育者还无法实现面对面，他们的沟通在时间和空间上还有相当的距离。而且，教育技术的发展如果不与先进的教育理念相结合也很难真正发挥其应有的作用。

---

① 当 MOOC 发展成为全世界范围内的大学课程改革新模式时，MOOC 也用 MOOCs 表示。

信息技术与高等教育的深度融合是高等教育信息化的本质要求。这种"融合"是一个双向融合的过程。如今各种信息技术设备越来越小型化、可移动化、人性化，价格越来越低廉；计算机设备从专业精英的工具变成普通大众的玩具，这使得技术日益与物理环境、生存环境、学校的学习和生活环境融为一体，从而形成了虚实融合的智能环境。这种智能环境将促使以人为中心、感知人的需求、为人服务的新型的教学、管理、服务体系的形成。

大众化高等教育的发展、学习型社会的逐步形成，使学习者对知识更加渴求，学习方式更加灵活和自主。今天，教育理念的发展与教育技术的发展交汇在一起，教育理念为教育技术的应用提供了强有力的理论支持，而教育技术为教育理论的实际应用和发展提供了最为有效的平台。教育事业发展的需求和学习者学习的需求成为教育创新的直接动力，于是，MOOC 的影响就空前广泛、十分深刻。它改变"教"，改变"学"，改变教师和学生的双重关系，抑或改变学校的形态以及教育的版图。

二、信息技术与高等教育深度融合的新模式：MOOC

近年来，从美国高校兴起的 MOOC（Massive Open Online Courses，中文译作"慕课"）成为信息技术与高等教育融合的突出代表。MOOC 是 2011 年以来出现的一种新型的课程模式，是面向社会公众的、免费开放式的网络课程。MOOC 挑战了传统的教育模式，使得学生的学习自主性更强、个性化更鲜明。目前，MOOC 已成为世界众多高校研究和应对的新生事物。

2011 年秋，斯坦福大学的巴斯蒂安·图伦（Sebastian Thrun）与大卫·史蒂文斯（David Stavens）、迈克·索科尔斯基（Mike Sokolsky）联合创办了以营利为目的的在线课程供应平台 Udacity（在线大学）。2012 年 4 月，达芙妮·科勒（Daphne Koller）和安德鲁·恩格（Andrew Ng）推出了名为 Coursera 的网站，包括哥伦比亚大学、杜克大学和普林斯顿大学等 87 所名校都先后成为该网站的合作伙伴。目前，已有超过473 万人注册学习 440 余门课程[4]。2012 年 5 月，麻省理工学院和哈佛大学联合推出了 edX。在很短的时间内，已有超过 100 万人次的学习者加入 Coursera、Udacity、edX 三大美国 MOOC 课程平台学习免费的在线课程[5]。这些数据在快速不断地更新中。《纽约时报》曾将 2012 年称为"慕课元年"，也有一些人认为 MOOC 是"自印刷术发明以来教育最大的革新"。

随着美国 MOOC 的不断发展，欧盟和英国也不甘其后。2012 年 12 月，英国开放大学联合英国 12 所高校建立名为"未来学习（Future learn）"的 MOOC 平台[6]，该项目得到了英国文化委员会的支持。目前，该项目已有来自全球的 26 个组织成员和合作伙伴。2013 年 4 月 25 日，由欧洲 11 个国家联合推出的 MOOC 网站 OpenupED 正式上线，该计划得到了欧洲委员会的支持。

我国高校也纷纷启动了 MOOC 进程。2013 年 1 月，香港中文大学加入 Coursera 平台。香港科技大学 Naubahar Sharif 所讲授的"中国的科学、科技与社会"课程，于 2013 年 4 月在 Coursera 平台上开课，这是亚洲的首个 MOOC。台湾大学机电系叶丙成教授于 2013 年 8 月开讲的"几率课"是全球第一门以中文讲授的 MOOC。2013 年 5 月 21 日，北京大学、清华大学同时加入 edX。此后，北京大学又加入 Coursera，并在两个平台分别投放课程，目前已经投放的十余门中文课程受到不少关注，学校计划在未来 5 年内建设 100 门网络开放课程。清华大学则利用本校的技术优势，校长挂帅，秉持学校精神，开发了基于 edX 开放源代码的共享课平台"学堂在线"，已投放了 23 门课程，吸引了 24 万学习者注册学习。学校在平台建设、课程建设以及运行机制建设等三个方面进行了富有成效的探索[7]。上海交通大学、复旦大学于 2013 年 7 月 8 日同时加入 Coursera。由上海交通大学主导的"好大学在线"已有 10 多门课程上线，上海市西南片的 19 所高校在这个平台上可以"跨校选修"，学分互认，使长期以来人们向往的"跨校选修"成为现实，也使广大的社会公众能够根据兴趣体验大学课堂。

高等教育出版社则利用面向全国出版教材的传统优势及多年来累积的视频公开课建设的大量课件、资料和丰富的经验，积极应对挑战，开发分层次、多类型的 MOOC 课程。

除此之外，一些高科技企业也大力推出一系列 MOOC 课程，如网易、新浪、果壳网等纷纷推出开放式网络课程。优酷与 Udacity 达成独家官方合作，成为目前我国唯一的 Udacity 课程发布平台。

MOOC 对高等教育教学改革产生了深远的影响。MOOC 不仅通过网络实现了优质课程资源在世界范围内的共享，而且还通过信息技术改进了高校的课程设计和课堂教学，变革了传统的教学形态和组织方式，激发了学生学习的热情。MOOC 较好地实现了教师与学生之间、学生与学生之间的互动和质量控制，使学习者的学习变得更加自主和个性化。从 MOOC 的发展可以看出，信息技术与高等教育的融合不是简单的技术或方法的改进，而是一场深刻的"教"与"学"的"双重革命"。

MOOC 被认为是没有围墙的大学，对它的评价也是见仁见智，有人简单地概括为"三名一免"，即名校、名师和名课，而且免费。我个人认为 MOOC 具有如下 5 个方面的突出优势：①MOOC 以大规模在线学习著称，具有开放性的特点。MOOC 每门课程的学习者可以遍布全球，容量巨大。以斯坦福大学的"人工智能导论"课为例，有来自 190 多个国家的 16 万人同时注册了这门课程；同时，MOOC 可以超越时空限制，凡是想学习的，都可以进来学习。②MOOC 使全球各国不同人群共享优质教育资源成为可能。截至 2012 年，仅在 Coursera 平台上就有 100 多个国家的高校开设的 564 门网络公开课供学习者自由选择。③MOOC 允许各种年龄、收入和教育背景的学习者参与广泛的课程学习，具有强大的自主选择性，学习内容、学习时间、学习进度可以完全实现由学习者自我把控，反映的是以"学"为本的教学价值取向。④MOOC 面向全世界的学习者免费或低学费开放，每个学习者足不出户就可以免费或低学费享受世界著名大学的一流课程或其他自己喜欢的课程。"免费"或费用低廉在 MOOC 的兴起中发挥了重要作用。⑤MOOC 的产生、传播、兴起，有力地促进了不同国家之间的文化交流与传播，使高等教育国际化的进程大大加快。

在看到 MOOC 冲击传统课堂教学模式，推动大学优质教育资源共享，扩大公民接受优质教育的机会，促进教育公平等优势的同时，我们也需要冷静、辩证地看到 MOOC 所伴生的问题。首先，MOOC 主要的教学手段是"人机对话"，它缺少师生间的"人际交流"、教学相长，特别是教师的言传身教、校园文化的熏陶、同伴的交流浸染。而这些因素在学习者成长中所具备的独特价值是在线课程难以替代的。其次，MOOC 这种近乎充分自由的学习方式，要求学习者有更强的自主性和自我控制能力；做不到这一点，学习的效果可能差强人意。如 2012 年秋，杜克大学开设了一门"生物电学"，当时有 12 725 名学生注册，但只有 7 761 名学生观看了教学录像，到最后考试时，仅剩 345 人了，而通过考试者只有 313 人。从长远看，经费问题、知识产权保护问题和意识形态问题都是绕不过去的问题，需要妥善解决。

三、MOOC 在我国未来的发展需要处理好的几个关系

MOOC 是国际性的，不是一个国家的。美国最先抓住了这个潮流，欧洲也不甘落后且保持着它的自主性。那么中国应该怎么办？毫无疑问，这对我们来说既是一个重要的机遇，也是一个艰巨的挑战。抓住了它，我们的高等教育就能够快速发展，并且在世界上发挥重要影响；失去了它，我们的国家利益、文化安全、教育安全都可能受到威胁。所以抓住当前这个机遇极其重要、极为紧迫。就 MOOC 在我国未来的发展来讲，需要处理好以下关系：

一是处理好"请进来"和"走出去"的关系。MOOC 的出现真正体现了高等教育的国际化。MOOC 意味着高校校园的界限被打破，共享优质教育资源已是时代发展的必然，传统大学的教学形态必将发生深刻变化，高等教育将会成为国家文化交流和相互影响的重要载体。"请进来"就是要求我们以自信的心态清除障碍，积极引进国外优秀的 MOOC，让我国高校能够学习借鉴国外先进经验，从而推进我国 MOOC 的本土化建设。在"请进来"的同时，我们也要思考，MOOC 是根植于美国的教育土壤的，带有鲜明的美国价值观。现实中许多西方国家就是通过教育机构等来实现国家意图，其中，课程的国际化、教育的国际化，在不同程度上隐含着国家战略安排。在这方面，我们要头脑清醒，在学习、吸纳、借鉴国外先进教育技术的同时，绝不能忽视国家利益和教育主权问题。因为，任何教育都有意识形态的属性，任何教育输出都附有价值理念的输出。MOOC 带有强大的自主选择性，对此，我们要引导学生有所甄别、有所选择、有所判断。同时，我们也要"走出去"。"走出去"就是要把具有中国文化特色的 MOOC 推向国际，让国际社会看到中国 MOOC 的发展，感受中国的优秀文化。如何推动我国的课程上网，让外国人学习，从而使中国的文化走向国际，这是一个战略问题。为此，我们要增强教育自信，要借助现代教育技术，将我国优秀的教育传统、教育文化、教育思想传播出去，使其走向世界。我们的高等教育要自觉地承担起对国家核心价值的守望和创新的使命，在高等教育国际化的棋局上，我们需要价值引领，而不仅仅是技术跟随。

二是处理好"向外看"和"向内看"的关系。对高校来说，首先要"向外看"。向外看就是要开放，就是既要看到世界一流大学的探索，也要看到国内兄弟院校的实践，同时，还要关注社会的需求。只有开放，才能有进步。没有"open"，哪有"massive"，哪有大规模的学习者？所以一定要以开放的心态面向世界、面向社会、面向兄弟院校，不仅把自己优秀的教育资源送出去，而且要看到国际上、兄弟院校和社会上还有许多优秀的教育资源可以利用。"向外看"是我们工作的起点，但是作为学校工作的同仁，还要"向内看"，MOOC 就是以现代的各种信息技术应用于学校教学的各个环节，打破现在比较呆板的传统教育方式。这就需要我们学校的管理者和所有教师都要身处其中，积极参与，把它嵌入到教学的每一环节中。正是在这个意义上，我们说，只有当技术的主要目的是解决教学教育问题时，这项技术才称得上是教育技术；而且这一教育技术只有被广大教师、教育管理者所普遍接受、被广大学习者所普遍认同时，这一教育技术才能发挥其自身的价值、彰显自身的影响力，MOOC 也是如此。"向外看"是前提、是起点，对学校工作的同仁来说，工作重点要放在"向内看"，从而使得我们通过 MOOC 来改变教、改变学、改变教师和学生的相互关系。为了解决"向外看"和"向内看"的关系，我们要建立本土化的 MOOC 课程标准、网络技术标准，还要建立学分互认、学分银行等促进和规范 MOOC 发展的机制。

三是处理好"线上"和"线下"的关系。在利用 MOOC 进行"线上"学习的同时，还必须加强"线下"的教育，毕竟"线上"的教育是人和机器的对话，"线下"的教育才更多地体现人和人之间的对话。在某种意义上说，"线上"的教育改变了我们的传统教育，但是"线下"的教育更能体现教育的本质。因为教育的过程毕竟是有灵魂的、是有情感的、是进行人格培养的，是人的社会化过程。要通过人和人之间的交流，处理人和人之间的联系，使学生在人对人、面对面、心贴心的教育环境中更加全面的成长。

四是处理好"当下"和"未来"的关系。今天，我们研究现代信息技术环境下的教育教学改革问题，不仅要把"当下"的工作做好，还要面向"未来"，研究更新的教育手段、方法对教育教学的影响。否则，我们总是亦步亦趋地跟在别人后面模仿。如新的技术发展引发了不少"人类增强技术"，科学技术使人类的体力在增强，使人类的寿命在延长，也使人类的智能在拓展。这些科技当然会涉及伦理学、社会学的许多问题。但对教育来说，特别要关注"人类智能增强技术"，关注人体外的思维技术和人脑的思维如何结合的问题，这是一个面向未来的课题，是需要教育工作者和科技工作者密切关注的课题。我们的教育工作者和科技工作者要努力有所创新，要努力从"跟随者"变成"同行者"，再变成"领跑者"。

信息技术是一种革命的力量。面向未来，信息技术与高等教育的深度融合任重道远。我们既要学习借鉴，也要改革创新，要按照构建教育治理体系和治理能力现代化的总要求，真正发挥好政府宏观管理的作用，进一步调动高校、社会的积极性，共同推进信息技术与高等教育的深度融合，实现高等教育现代化。

本文刊载于《中国高教研究》2014 年第 6 期，借此为序。

瞿振元

2017 年 4 月

前　言

21 世纪以来，多媒体计算机、互联网、移动通信技术、云计算、大数据等新兴信息技术浪潮滚滚而来。作为人类社会创新速度最快、通用性最广、渗透力最强的高新技术之一，新兴信息技术在经济、文化、军事、医疗、教育等各领域的快速渗透，迅速改变了人们的工作、学习和生活方式及面貌。其一，即时通信、网上购物、远程医疗、视频点播等信息化技术的应用，改变了人类认知和社会交往方式，丰富了人们的物质及文化生活。其二，技术、网络、应用、服务的深度融合，衍生出全新业态的生产生活服务系统，催生出空前便捷的商业模式，孕育出更为多样的消费需求，唤发出极为旺盛的投资热潮。其三，信息技术推动的数字化、集成化、智能化、网络化发展，不仅引领了智能制造、绿色制造等全球产业发展的新方向，而且实现了全球研发、全球生产、全球配置的全球化经济循环。其四，新兴信息技术的广泛应用切实加快了知识的生产、应用、传播的时速，大大缩短了知识创新和技术转化的周期，使以"互联网＋"为核心的"创新""创业"追求成为各国政府倡导鼓励的热词。

在此背景下，新兴信息技术在教育领域的全面渗透，强力推动教育理念及教育模式的更新，逐步凸显着教育信息化建设及其应用的重要意义。"教育信息化是教育理念和教学模式的一场深刻革命""教育信息化是促进教育公平、提高教育质量的有效手段""教育信息化是创造泛在学习环境、构建学习型社会的必由之路""教育信息化是当今世界越来越多国家提升教育水平的战略选择"，本着这样的深刻认识，2012 年 9 月全国教育信息化工作视频会上，刘延东同志讲话指出："在教育大国向教育强国迈进的进程中，加快教育信息化既是事关教育全局的战略选择，也是破解教育热点难点问题的紧迫任务。""我们必须增强紧迫感责任感，把教育信息化作为国家信息化的战略重点优先部署，适应教育规划纲要全面实施的节奏和步伐，以教育信息化带动教育现代化，推动教育事业跨越式发展"。

近年来，教育界对教育信息化工作的关注持续聚焦，有关教育信息化工作的决策部署日益清晰，高等学校教育信息化建设及应用实践不断深化。随着信息技术在教育领域的广泛渗透，依托互联网、卫星网、广播电视网、移动通信网等公共信息基础设施，优质教育资源可以较低成本实现便捷传播，通过网上培训、视频课堂、互动观摩，广大教师可以零距离接触先进教学方法，提高教学能力及专业水平。越来越多的教师开始主动加入推进信息技术与教学深度融合的积极探索，充分利用信息技术扩展教育空间和学习手段的优势，努力实践"加快从以教为中心向以学为中心转变，从知识传授为主向能力培养为主转变，从课堂学习为主向多种学习方式转变"。

回顾起来，我国高等教育信息化发展主要经历了三个阶段：

第一阶段是以信息技术为教学内容（learn about），推进信息技术教育。20世纪50年代开设计算数学专业（计算机专业前身），1978年开始招收计算机专业学生，2000年左右将信息技术课程作为学生公共必修课，主要通过"计算机基础"课程，教授学生常用办公软件的使用及简单编程。随着一些学科辅助教学软件和专业研究软件的发展，目前国内高校中不少专业也会开设一些课程，教授本专业领域的基本常用软件，使学生以信息技术为工具深入探究专业课程内容。比如，社会科学专业的学生会上一门SPSS软件使用课程，用SPSS软件分析调查数据等。作为信息技术与教学融合的形式，关键在于向学生传授本专业学习及未来实践需要用到的信息技术工具及手段，要考量学生能接触多少专业软件，能够使用什么复杂程度的专业软件，以及学生使用专业软件要达到怎样的娴熟度。

第二阶段是以信息技术为知识传递工具（learn from），推进信息技术在教学领域的应用。将信息技术作为知识传递工具，既包括教师在课堂上使用PPT等演示文稿、通过投影进行讲解，也包括现在流行的慕课、微课，采用教学视频来传递知识。自20世纪80年代我国高等教育领域开始出现计算机课件教程（Tutorial），至今使用的电子书、多媒体交互课件都可以看作是将信息技术作为知识传递工具运用于教学的方式。这是在预设教学内容及流程不变的情况下，使用信息技术协助知识传授。作为信息技术与教学融合的方式，关键在于课程中通过信息技术传授教学内容的比例有多大，学生获取这些知识内容是否便捷，是否能帮助学生加深对这些知识内容的理解掌握，是否可能体现因材施教。

第三阶段是以信息技术为学习工具（learn with/through），改善教育环境和教学形态。90年代我国高等教育领域曾推行过计算机辅助教学，例如以项目方式支持全国众多高校联合开发了DOS版的数理化生基础课程题库系统。至今，信息技术不仅是"计算器""笔记本""图书馆"，也是"会议室""课堂""实验室""训练场"。同时，高等学校必须为培养学生创新精神与实践能力提供良好的教育教学环境。由信息化技术衍生出的学习工具及学习环境，不仅记录着学生的学习过程，也可验证他们的科学假设、实现他们的创新思路。21世纪以来，以多媒体计算机和网络为代表的信息通信技术，不仅推动了我国高等教育与世界高等教育在教学资源、科研信息等方面的接轨，也推动了我国高校人才培养模式的显著转变，不少高校已经从硬件基础建设阶段、重点课程资源建设阶段，开始向信息化教学常态化阶段迈进。

值得注意的是，当信息技术成为学习工具或构成支撑学生有效学习的学习环境时，信息技术在教育教学领域的应用便具有了"深度融合"的特征。判定信息技术与教学融合深度的关键，是教师和学生在课程教学过程中使用信息技术的频度和娴熟度。经过必要的学习探索和交流培训，高校教师在大学课堂教学实践中运用信息技术的深度、广度会呈现若干梯度：

其一，为传统教学方式锦上添花（观看资源）——主要指教师在传统教学方式中使用信息技术，比如使用PPT教学，或播放相关教学视频。本质上，这些信息技术只是附属品，不用也不会影响教学。同时不要求教师有多高的信息技术水平，所使用的数字化教学资源或信息技术产品可以来自于他人，比如，网络或资源库。

其二，使用信息技术提升教学能力（信息素养）——这是指教师会自觉地通过信息技术学习新知识、查找教学补充资料，会基于信息技术进行备课、与同事或学生在网上交流等。或许教师只是自己使用信息技术，而并没有要求学生使用信息技术辅助课程学习，或许学生与教师一样仅仅将信息技术作为教学效率工具，比如记笔记，写论文等。事实上，承担着资源库作用的网络一般是全方位开放的，教师必须做到比学生先一步获得知识资讯。

其三，指导学生使用信息技术学习（理解知识）——与师生各自使用信息技术不同，善于融合信息技术与教学实践的教师，会要求学生使用信息技术增强学习主动性并实现深度学习。比如，布置基于信息技术环境学习探索的作业，指导学生拓展阅读以加深对课程知识的理解和掌握。至此，信息技术不仅是教学效率工具，也是教师自身的专业发展工具。

其四，使用信息技术创新教学环境与过程（创造知识）——指教师使用信息技术改造教学过程，比如采用翻转课堂教学方法、同伴互教等与时代相适应的教学方法，创设混合多种教学组织形式（教师讲授、学生独立学习、小组合作学习、游戏模拟等）。教师不仅可以驾驭信息技术实现教学创新，同时鼓励学生使用信息技术来验证假设、提出理论、设计产品、制造产品。信息技术的发展，尤其是模拟仿真技术和3D打印技术，让学习者提出假设、验证假设的过程缩短，用时和成本均大为缩短和降低，优化了拔尖创新人才培养的良好环境。

总之，信息技术在高等教育领域的深度应用，需要国家、地方、学校等多层面的政策支持，也需要高等学校在学科专业特色建设、课程设计及教学环境创新、课程资源及教学方法综合改革、教学质量管理及教学效果评价等多层面加强教育技术应用的实践探索，更需要在信息素养及信息技术运用能力方面对管理者、教师及学生开展专业化培训。为了更好地展示中国高校信息技术与教学深度融合的现状，本报告将从"鼓励政策及机制""课程资源与应用""教学模式与创新""现状调查及分析""发展趋势及挑战"五个方面，观察展现高等学校信息化教学改革创新的实践进展。

目　录

第一篇

鼓励政策与机制

——推进"融合"的规划部署、项目组织及机制设计

自20世纪90年代以来,紧抓信息化时代重要机遇,国家教育主管部门的重大规划部署、地方教育管理机构的重要项目组织、各类高等学校的教学综合改革,都在高等教育信息化建设及应用,特别是推进信息技术与教学深度融合方面,作出了明确的工作部署、制度安排及机制设计。作为深度融合技术环境建设的典型案例,教育部主抓的国家级虚拟仿真实验教学中心建设值得关注;作为推动课程资源共享及学分互认的先行典范,上海地区高校教育资源联盟的实践值得推广;作为高等学校推进信息技术与教学融合的制度建设及机制设计的优秀案例,若干大学的实践可圈可点。

一、重视"信息技术对教育发展具有革命性影响"的理念

自20世纪90年代以来,国家教育主管部门关于推动教育信息化建设及其应用工作的整体规划,始终紧跟形势要求,相关支持政策逐步清晰、明确、科学而有力。首先是狠抓教育信息化的基础设施建设。1993年3月中共中央、国务院发布的《中国教育改革和发展纲要》,作为指导20世纪90年代乃至21世纪初我国教育改革和发展的纲领性文件,立足于"发展教育事业,提高全民族的素质,把沉重的人口负担

转化为人力资源优势"的目标，其第 13 条已经明确提出："积极发展广播电视教育和学校电化教学，推广运用现代化教学手段。要抓好教育卫生电视接收和播放网点的建设，到本世纪末，基本建成全国电教网络，覆盖大多数乡镇和边远地区。"

1999 年 1 月国务院批转教育部制定的《面向 21 世纪教育振兴行动计划》，着眼于"构筑知识经济时代人们终身学习体系""有效地发挥现有各种教育资源的优势"和"世界科技教育发展的潮流"，其第六部分明确指出：充分利用现代信息技术，在原有远程教育的基础上，实施"现代远程教育工程"，不仅要求对这一重要的基础设施加大建设力度，同时制定了一系列配套支持措施。从此，我国教育信息化基础设施建设步伐加快，以中国教育科研网（CERNET）和卫星视频传输系统为基础，扩大传输容量和网络规模，加强全国远程教育资源库和高质量教育软件的开发以及生产基地的建设，依托现代远程教育网络开放高质量的网络课程，组织全国一流水平的师资进行授课，努力实现跨时空的优质教育资源共享。这个振兴行动计划的相关内容说明，世纪之交我国起步阶段教育信息化的建设任务首当其冲，并对基础设施、教育软件开发、网络课程等方面的建设，均作出了重要部署。

2004 年 3 月国务院批转教育部制定的《2003—2007 年教育振兴行动计划》，实施"教育信息化建设工程"明确列入六项工程任务之中，有关"加快教育信息化基础设施、教育信息资源建设""构建教育信息化公共服务体系，建设硬件、软件共享的网络教育公共服务平台"的要求更为明确清晰，在要求加快中国教育和科研计算机网（CERNET）和中国教育卫星宽带传输网（CEBsat）升级扩容的同时，明确提出"积极参与新一代互联网和网格（ChinaGRID）的建设"，"全面提高现代信息技术在教育系统的应用水平"，包括：加强信息技术教育，普及信息技术在各级各类学校教学过程中的应用，为全面提高教学和科研水平提供技术支持；建立网络学习与其他学习形式相互沟通的体制，推动高等学校数字化校园建设，推动网络学院的发展；开展高等学校科研基地的信息化建设，研究开发学校数字化实验与虚拟实验系统，创建网上共享实验环境；建立高等学校在校生管理信息网络服务体系。这个教育振兴行动计划的相关任务要求表明，21 世纪初叶，我国教育信息化应用的领域在逐步扩大，支持力度逐步提升。

2010 年 7 月，经中共中央政治局审议通过，《国家中长期教育改革和发展规划纲要（2010—2020 年）》（下文简称《规划纲要》）正式发布。在这一凸显国家战略意义的纲领性文件中，"加快教育信息化进程"作为完成教育改革发展战略任务的重要保障条件，列入中国教育改革发展的十个重大发展项目之列。为此，《规划纲要》首先强调必须高度重视"信息技术对教育发展具有革命性影响"的理念。据说这是规划编写组专家深入讨论、辩论的结果，统一思想的艰辛过程表明推进信息技术与教育教学深度融合的实践任重道远。《规划纲要》提出"把教育信息化纳入国家信息化发展整体战略，超前部署教育信息网络"，这意味着教育信息化并不只是教育部一个部委的工作，尤其是基础网络建设，应该充分利用国家信息化建设设施，"实现多种方式接入互联网"。换句话说，需要改变教育信息化的发展思路，不能只靠教育财政发展教育信息化，而是需要调动全社会力量积极支持和参与，这才有可能用十年左右的时间，实现"基本建成覆盖城乡各级各类学校的数字化教育服务体系，促进教育内容、教学手段和方法现代化"这个战略发展目标。2014 年，国家发改委、工信部等部门在"宽带中国 2013 年专项行动计划""信息惠民工程"等一系列国家重大工程中，也都把教育信息化列为重点建设内容。

　　值得注意的是，《规划纲要》在部署"加强优质教育资源开发与应用"任务时，要求"加强网络教学资源体系建设。引进国际优质数字化教学资源。开发网络学习课程。建立数字图书馆和虚拟实验室。建立开放灵活的教育资源公共服务平台，促进优质教育资源普及共享……"，并且以具体的项目形式加以推进落实；同时特别提出"强化信息技术应用。提高教师应用信息技术水平，更新教学观念，改进教学方法，提高教学效果。鼓励学生利用信息手段主动学习、自主学习，增强运用信息技术分析解决问题能力"；在对学校教师提出要求的同时，对学校管理工作也提出了相应的要求，包括"充分利用优质资源和先进技术，创新运行机制和管理模式"，"构建国家教育管理信息系统。制定学校基础信息管理要求，加快学校管理信息化进程，促进学校管理标准化、规范化。推进政府教育管理信息化，积累基础资料，掌握总体状况，加强动态监测，提高管理效率"。

　　此后，教育部为全面落实《规划纲要》有关精神，精心制定了《教育信息化十年发展规划（2011—2020 年）》，更加旗帜鲜明地提出要"推动信息技术与教学的深度融合"。至此，国家教育政策中对于推进教育信息化进程的关注，经历了重视"建设"、关注"应用"，进而转向了强调"融合"，及时地引导全国高等学校不再将推进教育信息化单纯理解为基础设施建设，而是将其作为推进教育教学综合改革的催化剂加以设计和利用，让高等学校切实借助信息技术改善教学环境实现因材施教。

二、指明"推进信息技术与教育教学深度融合"的方向

为推进落实《规划纲要》有关教育信息化的总体部署，2011 年初，教育部成立教育信息化规划编制工作组，统筹推进规划编制各项事宜。同期成立的专家组具体承担调研、起草、征求意见等规划编制起草工作。历经一年时间的广泛调研、充分讨论和反复修改，教育部《教育信息化十年发展规划（2011—2020 年）》（以下简称《规划》），于 2012 年 3 月正式颁布。作为教育部第一次专门针对教育信息化工作研制的专项规划，《规划》秉持"以教育信息化带动教育现代化，是我国教育事业发展的战略选择"的思想理念，显然具有划时代的历史意义。

《规划》首次提出"促进优质教育资源普及共享，推进信息技术与教育教学深度融合，实现教育思想、理念、方法和手段全方位创新"的战略要求，明显具有创新价值和现实意义；突出强调"坚持育人为本，以教育理念创新为先导，以优质教育资源和信息化学习环境建设为基础，以学习方式和教育模式创新为核心，以体制机制和队伍建设为保障"，强调"充分发挥教育信息化支撑发展与引领创新的重要作用"的指导思想，显示了国家教育信息化规划部署的科学性；强调"面向未来，育人为本""应用驱动，共建共享""统筹规划，分类推进""深度融合，引领创新"的工作方针，更加凸显了对未来教育信息化实践的指导性。

《规划》明确"到 2020 年，基本实现所有地区和各级各类学校宽带网络的全面覆盖，教育管理信息化水平显著提高，信息技术与教育融合发展的水平显著提升。教育信息化整体上接近国际先进水平，对教育改革和发展的支撑与引领作用充分显现"等前瞻性目标要求，明确"通过优质数字教育资源共建共享、信息技术与教育全面深度融合、促进教育教学和管理创新，助力破解教育改革和发展的难点问题"等务实性任务要求，明确"在优质资源共享、学校信息化、教育管理信息化、可持续发展能力与信息化基础能力等五个方面，实施一批重点项目"等可操作性行动计划安排。

为进一步促进高校提升人才培养水平、增强科学研究能力、服务经济社会发展、推进文化传承创新，2012 年 3 月 16 日，教育部颁布了《教育部关于全面提高高等教育质量的若干意见》（教高〔2012〕4 号）（以下简称《意见》），就促进高校内涵式发展、优化学科专业和人才培养结构、强化实践育人环节等提出了明确的要求。《意见》要求高校要与相关部门、科研院所、行业企业建立共建平台，合作办学、合作育人、合作发展；高校与高校建立大学联盟，实现区域内资源共享、优势互补；加

强高校间开放合作，推进教师互聘、学生互换、课程互选、学分互认；加强信息化资源共享平台建设，实施国家精品开放课程项目；推荐高职共享型专业教学资源库建设，与行业企业联合建设专业教学资源库。《意见》还强调健全教育质量评估制度，加强创新创业教育和就业指导，推动协同创新等。这些关键的教育质量保障举措指明了信息技术应用于高校教育教学的方向。

近些年来，随着大规模在线开放课程的涌现和不断升温，新的教学模式不断产生，教育信息化不仅承担着重塑传统的任务，同时也肩负着不断创新的使命。为了我国教育信息化的顺利进行，促进信息技术与教育教学深度融合，我国政府出台了一系列文件给予政策及制度上的支持和保障（见表1-1）。

表1-1　近年来涉及我国教育信息化的相关文件和举措

年份	部门	名称	有关内容
2010	教育部	《关于印发〈教育部2010年工作要点〉的通知》（教政法〔2010〕2号）	"发展现代远程教育""加强终身学习网络和服务平台建设""推进教育信息化和优质教育资源共享，积极推进教育公共服务平台建设应用"
2011	教育部	《教育部关于成立教育部信息化领导小组的通知》（教人厅〔2011〕8号）	由袁贵仁部长任组长，下设教育信息化推进办公室，负责教育信息化推进工作
2011	教育部	《教育部关于国家精品开放课程建设的实施意见》（教高〔2011〕8号）	分析国家精品开放课程的建设目的和运行机制
2013	教育部	教育部与中国电信签约共促教育信息化提速	政企联动，优势互补，支持教育，战略共赢
2013	教育部	教育部与中国联通签署战略合作协议	签署关于教育信息化的合作协议，共同支持教育信息化事业发展
2014	教育部等五部委	《构建利用信息化手段扩大优质教育资源覆盖面有效机制的实施方案》	为未来6年的中国教育信息化绘制"施工图"
2014	教育信息化推进办公室	《教育管理信息化建设与应用指南》教信推办〔2014〕20号	供在教育管理信息化建设工作中参考实施
2015	教育部	《教育部关于加强高等学校在线开放课程建设应用与管理的意见》	立足国情建设在线开放课程和公共服务平台，加强课程建设与公共服务平台运行监管，推动信息技术与教育教学深度融合，促进优质教育资源应用与共享，全面提高教育教学质量

续表

年份	部门	名称	有关内容
2015	国务院	《国务院关于积极推进"互联网＋"行动的指导意见》	探索新型教育服务供给方式。鼓励互联网企业与社会教育机构根据市场需求开发数字教育资源，提供网络化教育服务……加快推动高等教育服务模式变革
……			

此外，各省、市地区教育主管部门和高校也给予了高度重视，通过相应的制度设计、政策导向、检查督导，并将其作为强化教学过程管理、提升学生自主学习能力、激励教师教学模式创新的重要路径，保障和进一步推动中国高校信息技术与教育教学深度融合的进程。

三、推进"融合"的高校虚拟仿真实验室建设政策及成效

随着信息化技术的不断发展和深入，教育部加强了对实验教学工作和实验教学信息化工作的宏观指导。《教育信息化十年发展规划（2011—2020 年）》明确提出要遴选和开发 1 500 套虚拟仿真实训实验系统，并整合师生需要的生成性资源，建成与各学科门类相配套、动态更新的数字教育资源体系。《教育部关于全面提高高等教育质量的若干意见》（教高〔2012〕4 号）明确提出，要强化实践育人环节，提升实验教学水平。2013 年 8 月教育部印发了《关于开展国家级虚拟仿真实验教学中心建设工作的通知》（教高司函〔2013〕94 号），正式启动了国家级虚拟仿真实验教学中心建设工作。明确在建设国家级实验教学示范中心加强实验教学基础上，进一步提出建设国家级虚拟仿真实验教学中心，顺应了高等教育的发展趋势，是推进信息技术与高等教育领域中实验教学深度融合的一项创新举措，其意义重大，必将对我国高等教育质量的提升产生积极、重要的影响。

1. 基于 ProjectSim 仿真平台的经管类教学改革与实践[①]

同济大学经济与管理学院陆云波及其团队发现，建模与仿真思想可以将抽象的管理概念具体化。于是，团队开发了一款名为 ProjectSim 的组织仿真软件（见图 1－1）。ProjectSim 是一款组织与流程仿真优化的实验平台，可视化、定量地表达传统无

[①] 本案例荣获中国高等教育学会 2014 年度"信息技术与教学深度融合"优秀奖，作者：陆云波、陆青、郑子浩、刘天平、彭婧、宋正原、范超等，内容略有删减。

法界定的隐性工作（如管理、沟通、协调和决策等），仿真模拟人与人、人与工作、工作与工作三者之间的关系，为使用者提供精确的可供参考的模拟方案。围绕着培养学生素质的宗旨，他们将 ProjectSim 软件与教学深度融合，建立了将信息技术渗透到课堂教学、课外实践、学生管理、师生科研四个方面的教学模式。案例以同济大学精品课程"项目管理"与 ProjectSim 软件的深度融合为例，阐释该教学模式（见图 1−1，图 1−2）。

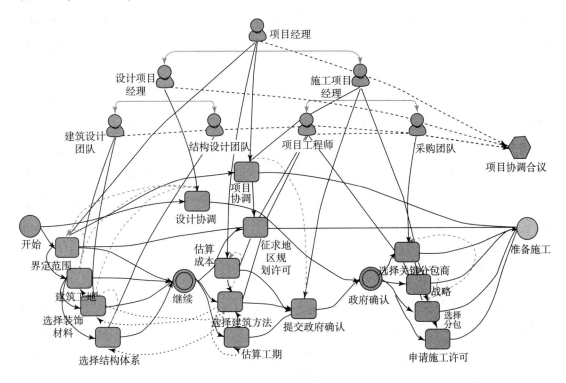

图 1−1　软件模拟组织流程

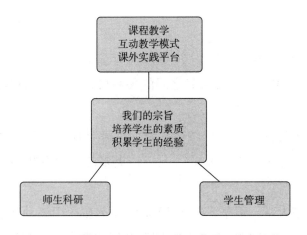

图 1−2　基于 ProjectSim 仿真平台的经管类教学

【课程教学】

在课程教学方面，课程团队让普通的课堂教学更加形象化，教师授课更具生动性。课程由原先的单一授课式变为了圆桌讨论式，教师通过ProjectSim建模直观地展现书本中的理论，学生发表自己的看法，通过软件建立仿真模型并进行动态衍化，最后在不断地协商和调试当中得到相对优化的结果，从而能够深入理解书本中的理论知识，这样一来，学生的参与度、积极性极大增强。另外，借助软件，老师可以将流程、组织和这两者之间的关系可视化，改变原先学生以局部角度看待问题的方式，给学生更广阔的思维角度与全局化的眼光。

在课外实践方面，鼓励学生走出课堂，走进企业，发现问题。课程提倡理论与实践相结合，学生被要求先组成一个个的小团队，自己去联系企业，寻找项目，运用相关的项目管理知识，借助ProjectSim软件，发现问题，独立思考，为企业的项目找出现实的优化方案。值得一提的是，借助软件，学生具备了帮助社会上一些企业解决问题的基础，比如结构化的思维、全局眼光、领导力等，拥有区别于同专业从业人员的核心竞争力，有更多走进企业的机会！

【学生管理】

利用信息技术，建立沟通协同平台，实现学生与教师的直接对接。课程采用沟通协同平台作为教学常规的一个辅助工具，学生可以通过平台向教师提问，并和其他同学讨论；教师可以通过平台了解学生的项目进度，及时解决学生的问题。并且，协同平台实现了资源的全部共享，方便学生寻找资料。

【师生科研】

借助相关的信息技术，教师带领学生完成科研项目，实现产学研的结合。ProjectSim软件可以使组织、流程及其之间的关系可视化，为科研项目提供有力的数据支持，便于科研项目的开展。

通过将信息技术与教学全方位融合，新型的教学模式实现了培养学生素质的目的，改变了大学生没能力、缺经验的状况，让更多的学生有机会走进企业，走进项目，提升自我！

目前，已有同济大学、清华大学等50余所大学在运用该种教学模式，超过5万大学生了解过ProjectSim软件，学生教师团队利用该技术帮助超过100家中大型企业解决实际问题，学生通过此项目获得过十余项国家级奖项、20余个省部级奖项，受到该教学模式影响的学生就业前景一片光明。

2. 虚拟仿真与虚拟仿真实验教学

虚拟仿真（Virtual Reality）又称虚拟现实技术或模拟技术，就是用一个虚拟的系统模仿另一个真实系统的技术。从狭义上讲，虚拟仿真是指20世纪40年代伴随着计算机技术的发展而逐步形成的一类试验研究的新技术；从广义上来说，虚拟仿真则是在人类认识自然界客观规律的历程中一直被有效地使用着。由于计算机技术的发展，仿真技术逐步自成体系，成为继数学推理、科学实验之后人类认识自然界客观规律的第三类基本方法，而且正在发展成为人类认识、改造和创造客观世界的一项通用性、战略性技术。

虚拟仿真实际上是一种可创建和体验虚拟世界（Virtual World）的计算机系统。此种虚拟世界由计算机生成，可以是现实世界的再现，亦可以是构想中的世界，用户可借助视觉、听觉及触觉等多种传感通道与虚拟世界进行自然的交互。它是以仿真的方式给用户创造一个实时反映实体对象变化与相互作用的三维虚拟世界，并通过头盔显示器等辅助传感设备，提供用户一个观测与该虚拟世界交互的三维界面，使用户可直接参与并探索仿真对象在所处环境中的作用与变化，产生沉浸感。VR技术是计算机技术、计算机图形学、计算机视觉、视觉生理学、视觉心理学、仿真技术、微电子技术、多媒体技术、信息技术、立体显示技术、传感与测量技术、软件工程、语音识别与合成技术、人机接口技术、网络技术及人工智能技术等多种高新技术集成之结晶，其逼真性和实时交互性为系统仿真技术提供有力的支撑。

虚拟仿真实验教学则是虚拟仿真技术在实验教学过程中的实际应用。虚拟仿真实验教学最重要的技术特征是要利用信息化的重要技术，如虚拟现实、多媒体、人机交互、数据库和网络通信等。这是判别虚拟仿真实验教学的主要技术指标。除了技术特征，还有两点非常重要：一是要构建高度仿真的虚拟实验环境和实验对象，学生可以在虚拟环境中开展实验；二是虚拟仿真实验是为本科教学而设计和实现的，它要达到教学大纲所要求的教学效果。信息化技术特征、高度仿真的实验环境和对象以及满足本科教学要求这三个方面构成了国家级虚拟仿真实验教学中心的本质特征。

虚拟仿真实验教学是高等教育信息化建设和实验教学示范中心建设的重要内容，是学科专业与信息技术深度融合的产物。采用虚拟仿真实验教学，可以突破时间、地点和设备数量的限制。学生可以在一个更"安全"的环境下做实验，顾虑更少，自由度更大。学生在实验过程中更容易获得相关知识，实验结果更容易保存。对教师和管理人员来讲，实验教学过程更容易控制，实验教学的指导效率更高。

虚拟仿真实验教学中心建设工作以全面提高高校学生创新精神和实践能力为宗旨，以共享优质实验教学资源为核心，以建设信息化实验教学资源为重点，极大地推进了实验教学信息化建设和实验教学资源的开放共享，推动了高等学校实验教学改革与创新。

3. 国家级虚拟仿真实验教学中心建设现状

从两次申报的情况来看，申报的中心涵盖了除哲学、历史学外的 11 个学科门类，有相当一部分属于交叉学科，如工学与农学的结合、理学与工学的结合，几乎所有的虚拟仿真实验教学中心都是信息科学与其他学科交叉融合的产物。

通过两年的建设，目前已在全国范围内建设了 200 个国家级虚拟仿真实验教学中心。从区域分布来看，200 个虚拟仿真实验教学中心覆盖了全国 26 个省（自治区、直辖市）以及军队院校（见图 1 – 3）。

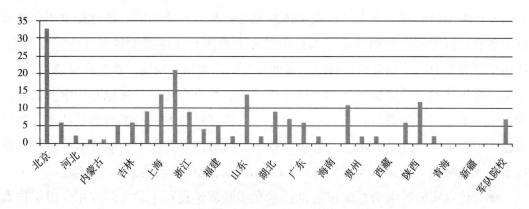

图 1 – 3　国家级虚拟仿真实验教学中心地区分布图

可以看出，国家级虚拟仿真实验教学中心数量超过 10 个的地区有北京（33）、江苏（21）、上海（14）、山东（14）、陕西（12）、四川（11）。未获评国家级虚拟仿真实验教学中心的省份有海南、西藏、青海、宁夏、新疆和新疆生产建设兵团。

东部地区 11 个省份共有国家级虚拟仿真实验教学中心 115 个，中部地区 8 个省份共有 42 个，西部地区 12 个省份共有 36 个，军队院校有 7 个（见图 1 – 4）。

由此可见：一是传统教育强省虚拟仿真实验教学水平处于领先地位；二是东部地区高校的虚拟仿真实验教学整体实力相对较强，京津地区和长三角地区优势尤为明显；三是优质实验教学资源集中的地区虚拟仿真实验教学资源也较丰富。

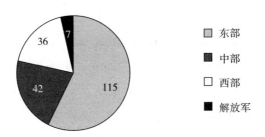

图 1-4　国家级虚拟仿真实验教学中心区域分布图

以学科大类分（见图 1-5），理工类 138 个，农林医药类 33 个，人文社科类 29 个。

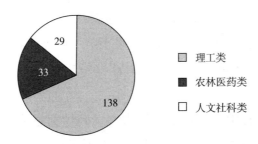

图 1-5　国家级虚拟仿真实验教学中心学科分布图

由此可见：一是理工类学科长期以来重视实验实践教学，实验教学与信息技术融合度较高；二是理工农医类占立项总数的 85.5%，该类虚拟中心集中了大批虚拟仿真实验教学资源；三是随着新兴交叉学科兴起，人文社科类虚拟仿真实验也会有明显提升。

那么虚拟仿真实验教学中心的功能究竟是什么，文件对虚拟仿真实验教学中心的功能进行了重点的描述：虚拟仿真实验教学中心建设应充分体现虚实结合、相互补充、能实不虚的原则，实现真实实验不具备或难以完成的教学功能。在涉及高危或极端的环境，不可及或不可逆的操作，高成本、高消耗、大型或综合训练等情况时，提供可靠、安全和经济的实验项目。

以 2014 年立项的 100 个国家级虚拟仿真实验教学中心为例，其中涉及"高危或极端环境"的典型有：西安交通大学核电场与火电厂系统虚拟仿真实验教学中心、南华大学核能技术与核技术工程虚拟仿真实验教学中心和中国人民解放军军械工程学院弹药保障与安全性评估虚拟仿真实验教学中心等；"不可及或不可逆操作"的典型有：中国石油大学（北京）油气储运虚拟仿真实验教学中心、河南理工大学煤炭开采虚拟仿真实验教学中心和中国人民解放军后勤工程学院供油工程虚拟仿真实验教学中心等；"高成本、高消耗"的典型有：中国科学技术大学化学虚拟仿真实验教学中心、北京化工大学化学安全与装备虚拟仿真实验教学中心和华东理工大学化学化工虚拟仿真实验教学中心等；"大型或综合训练"的典型有：山东大学管理学科虚拟仿真实验教学中心、复旦大学环境科学虚拟仿真实验教学中心和西南交通大学轨道交通电气化与自动化虚拟仿真实验教学中心。当然以上的分类只是相对的，比如北京化工大学化学安全与装备虚拟仿真实验教学中心既属于"高成本、高消耗"又属于"大型或综合训练"，还涉及"高危和极端环境"。

国家级虚拟仿真实验教学中心的评审标准体现了教育部对虚拟仿真实验教学中心建设的要求。教育部制定了对国家级虚拟仿真实验教学中心进行遴选的标准，其中包括具体的一二级指标和权重。该要求主要从"虚拟仿真实验教学资源""实验教学队伍""高校信息平台""管理机制"和"创新和特色"等几个方面对申报的实验教学中心进行评价。这几个一级评价指标又各包含了 1~5 个二级评价指标。

国家级虚拟仿真实验中心建设意义重大，是高校信息化建设的重要内容，也是国家级实验教学示范中心建设的重要组成部分。通过虚拟仿真实验教学中心的建设，进一步推进虚拟仿真技术与实验教学的融合，发挥信息技术的作用，必将对未来一段时间人才培养质量提升起到重要作用。我们期待在明年的报告中可以呈现一些国家级虚拟仿真实验中心的教学应用数据，展示信息技术与教学融合的成效。

四、创建课程资源共享机制，推进区域内外跨校合作

近年来，在推进信息技术与教学融合方面，全国各省、市地方教育主管部门都有很多鼓励政策和措施。上海市教委在探索高校优秀课程资源共享模式方面，起步早、成效大，他们努力构建高校区域联盟，加强跨校的课程教学团队建设，创建课程资源共享机制，做实技术支撑和高效运作，探索出一条全面提高大学教学质量、实现优质教育资源共享的有效路径。

上海市有 60 余所高校，各具特色，每个高校都有自己的优质课程，如何满足学生的学习需求，实现跨时空、灵活方便的区域性选课，以实现教育资源利用率的最大化？在这种背景下，上海市教委决定启动"上海高校课程资源共享"项目，旨在落实"以学生为中心"，"以信息技术支撑教育创新，促进优质教学资源共享，实现跨校间的优势互补"，从而增加学生的课程选择权，使更多学生能"以兴趣为导向，

以素质为目标",也为培养更多的"复合式领军人才"打下坚实的基础。[①]

1. 上海高校课程共享中心建设及运行机制[②]

自 2012 年 4 月市教委正式发文批准成立"上海高校课程资源共享中心"（以下简称"共享中心"）以来，市教委、各成员高校与平台运营商协同工作，取得了显著的成绩：在线业务平台"上海高校课程中心"正式上线，共享中心的运行机制、课程和录播教室的建设标准等制度建设也已经初步完成，并有 30 多所高校参与了共享中心的建设工作。

5 月 29 日下午两点至四点，上海市高校课程资源管理中心成员学校在交大医学院召开工作会议。联盟内 90% 以上的学校，都派教务处相关管理人员及教育技术部门参加了会议，上海教委高教处付建勤副处长宣布了沪教委高（2012）3 号文件，即《上海市教委关于成立上海高校课程资源管理中心的通知》，声明了管理中心是上海课程资源共享系统管理委员会的日常管理机构，机构依托在交大医学院，中心主任由交大医学院副院长黄钢担任。[③]

在上海课程资源管理中心首批工作人员任命的会议上，上海交通大学教务处处长江志斌教授认为共享中心的首批工作人员的工作就是"牵头与服务"；如何能把这件利国利民的大事做好，需要的是"机制 + 技术"。[④]

黄钢主任在共享中心 2012 年上半年重点工作部署会议上对从组建管理团队到运行机制讨论，从中心需求调研到技术平台的招标、搭建工作进行了总体介绍，尤其是分享了共享中心的发展愿景、使命和价值观的基本内涵，他认为这是指导每个成员下一步工作的思路源头，其中愿景是"校际任我行，课程任我选"；使命是"技术推动进步，创新创造价值"；价值观是"诚信、创新、多元、个性、便捷"。[⑤] 至今，共享中心经历了三年多的发展，其工作进展主要概括为五个方面：

一是落实组织架构和工作机制。在管委会章程的指引下，落实了整个共享中心的组织架构，正式聘用相关成员组成了共享中心的教学改革部和技术支持部，并于 11 月起聘请专职人员参与共享中心的日常工作。为了保证课程的质量，在复旦大学陆昉副校长的主持下，共享中心筹建了课程质量管理委员会，落实了上海外国语大学冯庆华副校长、上海理工大学田蔚风副校长等为副主任的质量管理委员会领导机

① http：//www. ucc. sh. edu. cn/webs/pages/center_file/teachermanual. jsp
② http：//www. shmec. gov. cn/web/wsbs/webwork_article. php？article_id = 68782
③ http：//www. ucc. sh. edu. cn/webs/pages/story/story529. jsp
④ http：//www. ucc. sh. edu. cn/webs/pages/story/story529. jsp
⑤ http：//www. ucc. sh. edu. cn/webs/pages/story/story4. jsp

构以及来自于各校一线教师的专家库队伍，该专家库将根据课程的发展而不断发展。共享中心逐渐确立了有效的工作机制，通过每周三工作例会、教改部和技术支持部定期会议以及管委会半年会的形式，稳妥、积极地推进工作落实。

二是研究确定建设标准。为了保证共享中心的课程教学质量，2012年，共享中心通过近30次的各类会议，以及与现代教育技术协会等相关行业专家合作，初步完成了五项标准，包括《共享课程开课遴选标准》《共享课程教学认证标准》《共享课程终结性评价标准》《课程视频标准》和《直播互动教室建设标准》。

三是制定教学运行流程。2012年，共享中心根据优质课程共享的需要，在部分成员高校的专家领导下，初步建立了整个共享平台的业务流程，包括教师开课申报、课程专家评审和认证、学生选课、各成员高校教室接入中心等的工作流程，为顺利开展工作提供了可能。① 课程来源于学校推荐、教师自荐、网络调研等形式鼓励申报。在教委的管理机制领导下，共享中心与各校教务管理者共同维护课程、学生、教师资源，保障各校教学条件，运用卓越的专业技术服务，以及质量管理委员会对课程的严格把关，共同建设、完善机制。②

四是开发平台和建设直播互动教室。2012年初步完成了课程共享平台的开发和建设，并顺利实现了上线运行。同时，在上海交通大学医学院建设了示范性的直播教室，为各教学点的建设提供了样板参考。为尽量减少学生上课路途奔波，共享中心拟在全市规划布局教学点，将分别在市区、东北（五角场）、西南（闵行－梅陇）、松江大学城、南汇临港新城、浦东张江、奉贤、嘉定等8个区域选择至少一所学校的直播教室作为教学点。

五是建设和遴选课程。经过反复研究，共享中心将共享课程主要锁定为通识教育课程，已经在全市范围内开发和征集了65门共享课程，其中已经完成视频拍摄的有近30门，通过视频标准审核和第一轮学科专家审核的有20门，通过所有审核和认证并实现上线的有"关爱生命——急救与自救技能""哲学导论""唐诗宋词人文解读""中医药与中华传统文化""科学技术史""西方音乐史"上海社会与文化"等7门课程，这7门课程已经在网上面向学生选课，截至2013年3月9日，共有3 189名学生选修了该7门课程，并于2013春季学期正式开课。

---

① 具体业务流程可参见：http：//www. ucc. sh. edu. cn/webs/pages/center_file/teachermanual. jsp

② http：//www. ucc. sh. edu. cn/webs/pages/story/story9. jsp#

2. 共享课程的教学质量报告①

高校联盟共享课程能否实现预期目标，课程质量至关重要。一是课程的建设质量；二是课程的教学模式；三是先进的网络技术支持；四是严格的评审过程。

混合式教学模式为教学效果提供了保障，其课程质量可以从课程在线学习、见面课管理、教学管理三个方面来衡量。但是，通过数据来监督课程运行情况发现：在教师助教管理方面，课程资源共享需要教师助教团队权责分明，能在在线辅导、管理学习进度、组织教学点见面课等方面，保证教学质量。当然也出现了一些问题，比如极个别助教没有及时开门，造成教学点延误问题；极个别主讲教师晚到，造成课堂晚开课问题；个别助教团队对学生在线学习情况没有及时跟踪督促，造成早期进度延误被退课。此外，教师教学习惯满堂灌，见面课需要避免"一言堂"，需要加大直播中互动和小型讨论课的比重，提高学生参与感，实现"翻转课堂"，提高教学质量。

在学生学习习惯方面，部分学生还处于适应新的学习方法过程中，对投入的精力和时间有些无法适应；部分学生由于约束性较差，还是需要教师、助教、选课学校等各方面的督促，这都需要教学团队进行适当的引导和督促。从见面课未参与原因所占比例来看，没有时间的占51.59%、对课程没有兴趣的占3.63%、认为本课程质量不好的占2.72%、花费时间较多且难度较大的占4.84%，其他占37.22%；从未完成在线学习原因所占比例来看，没有时间的占41.81%、对课程没有兴趣的占6.19%、认为本课程质量不好的占2.81%、花费时间较多且难度较大的占15.13%、其他占34.06%。

针对这些问题，联盟采取的主要对策是：开课学校为"教"负责，选课学校为"学"负责。② 经过各方面的努力，校级课程共享实现了优质资源共享的目标。2014学年春夏学期课程共享较之2013春夏学期、秋冬学期有了显著增长，该学期共开设24门共享课程，大多由上海高校课程共享中心与东西部高校课程共享联盟提供，59所学校参与选课，其中33所上海院校，26所外地院校。目前进入正常学习的学生人次在16 625左右，选课人数前三名的学校是上海电机学院（1 119）、中国海洋大学（931）、复旦大学（796）；选课人数前三名的课程是"思想道德修养与法律基础（十校联合）"（4 803）、"珠宝鉴赏（同济大学）"（1 552）、"开启疑案之门的金钥匙——司法鉴定（华东政法大学）"（974）。

---

① 本节内容根据复旦大学陆昉副校长提供的资料编辑。

② http://www.ucc.sh.edu.cn/statics/pages/story/StoryWorkConference.jsp

校级课程共享推动了教学质量的明显提高。2014年春夏学期在线学习平均合格率高达92%，较之2013年秋冬学期的77%有了显著提高。在线学习合格率排名前三的课程为同济大学的"公共关系学概论"、上海音乐学院的"古典音乐欣赏"、上海中医药大学的"中国功夫与经络"。课程质量由课程教学的三个重要环节决定：在线学习、见面课互动讨论、期末考试。在线学习包括系统在线跟踪学习进度，助教、服务专员及时督促（电话、短信、邮件、站内信）以及重点教学数据报表跟踪督促、在线互动讨论等；见面课互动讨论，即校内小组讨论，能够提高学生参与度；跨校直播互动课堂推动了各高校的教学方法改革。2014学年春夏学期共进行了119次见面课，其中69次直播课，41次讨论课，9次实践课。见面课平均合格率达88.27%、见面课平均出勤率达81%，较之2013春夏学期的60%和秋冬学期的74%有了显著提高。课程—见面课出勤率排名前三的为上海中医药大学的"杏林探宝——带你走进中药"（95%），复旦大学的"人类与核科技发展"（91.3%），复旦大学的"思想道德修养与法律基础"（88%）。

校际课程共享在学生成绩提升方面效果明显。2014学年春夏学期注册学习的学生人次在16 625左右，成绩合格率为91.1%，毕业率为91.1%，优秀率为35.6%。学校–修读合格率前三名为上海政法学院、上海师范大学天华学院、石河子大学、重庆大学、上海第二工业大学、上海师范大学均为100%，因此并列第一，第二为浙江传媒学院（99.44%），第三为江西财经大学（99.08%）。

学生对教育质量的满意度明显增强。中心对2014学年春夏学期学生的满意度进行了调查，共收到有效问卷近1万份，参与率达到58%，高满意度达到72%。其中觉得很有学习价值的评价占比77%，愿意推荐课程给同学的评价占比72%；你觉得很有学习价值的课程依次是"教你成为唱歌达人""中国功夫与经络""关爱生命——急救与自救技能"；愿意推荐给同学的课程依次是"中国功夫与经络""关爱生命——急救与自救技能""20世纪的世界"。

来自学生的评价有："我觉得网上选课其是一种很方便的方式，我们这门课是可以转换到交大的人文通史课核心课程里面的，而且我认为把课件放网上很方便我们课下学习，我认为网上选课是很好的一种方式。""共享课程给我感觉是可以在自己学校享受其他学校的课程资源，这样会对课程获得比较好的一种认知。给我感觉是效果还是可以的。""看了那么多展示的同学，看了那么多课题，我觉得对自己的知识也是一种丰富，因为我选的课题和大家不一样，可能我看的更多是自己的课题，然后别人的课题我也有了很多的了解，增加了更多的知识。我觉得这是一种资源共享的方式，可以了解自己专业以外的课程。"

来自助教的评价有："共享课程优点很明显，师生间、学生间互动很多，课堂很活跃，这有利于提高学生的积极性。课堂组织有条理，学生积极讨论，气氛好、效果好，明年的共享课我也很乐意再当助教，学生们朝气磅礴、活跃好学，跟他们在一起我很快乐。""学生在见面课上表现很积极，在讨论和发言环节很热烈。共享课程能让更多人受益，非常棒。而且不同学校同学聚集，不同的思想相碰撞，非常有意思。以学生参与为主的上课方式，非常有意思，让学生很享受上课。""授课很好，同学很积极，提问很活跃，几乎没有迟到早退现象，纪律也非常好。网络授课跟常规课堂不同，更方便同学学习。"

来自任课教师的评价有："一样的内容、一样的模式重复几十年，都快厌倦教书了。但共享课程不一样，跨校互动，你不知道学生会提什么样的问题。这让你不敢倦怠，让你全力以赴，很新鲜，很有激情。""知识乃天下之公器，知识本身不存在私有。共享课程把教室从一个扩展到几个、十几个，让更多人能学习到知识。""共享课程与本校授课区别明显。在共享课程中，学生基于兴趣选修，学习更投入，更专注。""一开始会担心在网络学习中，学生缺乏监督会不认真，但事实上从上课情况看出学生很认真，自学能力很好。""我觉得它是一种全新的尝试，它在某种程度上确实弥补了，在传统教育当中我们所达不到的一些目标。""我们结合自身经历，讲学生身边的案例，在同济大学讲同济的例子，在海洋大学讲海洋的例子，让学生感到亲切，感到创业离他们不远。"

3. 跨校共享课程的跨区域发展

上海在高校集中的区域内部试行校际优秀课程共享，取得经验后逐步向东西部手拉手学校之间推广。在"东西部高校联盟"之间，为实现优质课程资源的共享，大力推进混合式教学模式，包括在线个性化学习、网络讨论论坛（课程论坛、学校论坛、班级论坛）、团队协作小组研讨、直播互动跨校交流等。

联盟内部的教学管理责任：把教学各环节联系起来，组织和制定各类标准并督导执行，举办各类研讨互动，引领联盟内的学校成员及选课的用户学校一起，提升教学理念、改革教学方法、落实教学责任。一方面，要求开课学校要为课程质量负责，做好开课教师的引导、服务和监督工作；开课教师要参与课程教学运行全过程，从课前教学研讨到课中教学执行与督导，再到课后质量分析。另一方面，要求选课学校也要为质量负责，引导学生选课、适应新的教学方法、积极参与教学活动、评价教学质量，积极的反馈有关课程质量发展的策略建议。

同时，明确技术支撑平台的责任，要求技术提供者——智慧树不仅提供立体化的技术平台，更要提供全方位的专业服务，包含教学策略咨询、教发教研推广、课程建设评审服务、教学运行服务、联盟发展建议、大数据分析报告等。成员学校与智慧树平台签订智慧树会员协定。成员学校自主管理共享课程输出、共享课程引进、共享课程的教学、共享课程的学情分析、本校共享课程的成果展示。供课学校及教学团队拥有共享课程内容相关的知识产权，并为其负全责。联盟规划一些特色共享课程，建立全国性、甚至国际化的"课程教学团队"，由智慧树平台投资并完成课程开发服务。联合开发的课程，各方联合拥有知识产权。联盟和智慧树平台将定期举行共享课程与教师发展研讨会。

在教学质量监督方面，《共享课程质量管理办法》是课程质量管理的指导性文件；学期末，联盟和智慧树平台会组织并发布本学期的《共享课程教学质量报告》。智慧树平台要不断完善课程设计，细化在线资源更新，讨论课程设计、课程考核方法等；开课前进行教学团队和助教的培训，明确教学任务，保证质量；开课过程中，组织好在线互动交流，通过激励机制提高学生参与度；学校要做好对学生学习的正确引导和有效组织，并加强教学管理。

总之，上海高校课程资源共享中心有着政府战略性和政策性的布局，良好的组织机构和运行机制，严格的课程质量保障体系以及稳定的网络平台的技术支持。它是上海市高校走强强联合、特色发展之路，避免课程资源重复建设的重要举措。其中，提供学分教育，替代部分传统课程的在线课程，是共享课程发展的方向，也成了中国式 MOOC 的优秀代表。当然在共享中心发展的进程中也面临着诸多问题，比如"共享课程认证质量""运行体系与共享机制""成员学校与共享中心协同工作"等亟待更进一步的实践。

五、高校内部促进"融合"的管理机制创新

为落实国家及地方推进信息技术与教学深度融合的战略部署及政策措施，近年来，全国各类高校都在积极创新管理机制，从战略规划、支持服务、激励政策等方面，大力促进信息化技术在教育教学领域中的应用，充分发挥教育信息化在教育改革和发展中的支撑与引领作用，以提高教育教学质量。这里基于国内 20 所不同类型院校（985、211 院校，地方本科院校）在推动信息技术与教学深度融合实践中的经验，从战略规划、支持服务、激励政策等方面，对相关管理机制创新进行概述。

1. 强化顶层规划设计，在学校发展战略规划中谋篇布局

实现信息技术与当代教育的深度融合，必须站在学校内涵发展、质量提升的全局战略高度，做好前瞻性的规划，统筹做好教育信息化的整体规划和顶层设计，才有可能抓住机遇，实现跨越式发展。从调研的高校看，各高校对信息技术和教学的深度融合都非常重视，面对发展的新形式和高等教育发展的新挑战，也都首先从战略上进行了科学规划、系统布局。

顶层规划设计要与时俱进，关注高等教育发展的新趋势。2012 年出现了一种更加优质的开放课程形式——大规模开放网络课程 MOOC（Massive Open Online Course）。美国新媒体联盟（New Media Consortium）发布的《2013 地平线报告》（高等教育版）提出，2013—2018 年，大规模开放在线课程、平板电脑、游戏与游戏化、学习分析、3D 打印、可穿戴技术等六项新兴技术会成为影响高等教育发展的六大趋势。面对高等教育发展的新趋势，为了充分建设和利用国际优质教育资源，国内高校与时俱进，规划设计新的信息化建设规划，切实促进国际优质网络教育资源建设与共享，引导学生利用现代信息技术自主学习，在线学习。

例如，北京大学在 2013 年 3 月的党政联席会议上，批准启动"北大网络开放课程"建设项目，随之印发《关于积极推进网络开放课程建设的意见》（校发〔2013〕42 号文），明确提出：要将"推进网络开放课程建设作为面向未来的重大发展战略之一，给予高度重视"，并决定成立由校领导担任组长的网络开放课程建设领导小组。2013 年北京大学推出了第一批网络开放课程，并争取在其后的五年里建设 100门网络开放课程。北京大学网络开放课程是面向北京大学在校生并同时向社会开放的正式课程。通过必要的学习成果评估，北京大学在校生可获得与传统课堂教学等值的课程学分，其他学生可获得北大提供的学习证书。为此，学校号召"广大教师要高度关注高等教育发展的新趋势，积极投身网络开放课程教学的实践，并不断总结经验教训，不断探索网络开放教育与传统课堂教学以及其他教育教学形式的相互配合、优势互补的途径，在改革创新中不断发展完善北京大学人才培养模式、教育教学方式方法，提升教学、科研和社会服务能力"。同期，国内其他高校，如清华大学、上海交通大学也在 2013 年开始在推进"融合"方面，做出了重要部署并推出支持政策措施。

教育信息化是一个系统工程，制定明确的实施步骤和阶段性目标及实施策略也是战略规划的一项重要内容。选好实现信息技术与高等教育深度融合的切入点和平台，是战略规划确定的首要任务。而切入点和平台的选择要基于学校的实际情况和

改革发展的需要，比如暨南大学、山东理工大学等高校是从学校、专业、课程三个层次，从体制、政策、环境、评价、培训、人才培养方案、教学设计、数字化资源、教学模式多个方面进行战略规划和系统设计。暨南大学基于自身学生国际化、多样化的办学实际，选择了国际化特色的网络辅助教学主平台，在平台的推广应用阶段针对不同的建设目标采取了不同的策略，如初始期采取了自上而下基于项目引导的半强制推广策略；发展期采用系统多元的推广策略；深化期则促进平台使用与课程的深度融合。山东理工大学则是以信息化环境下专业人才培养模式改革为突破口，侧重探索信息技术与教育教学深度融合的规律、途径及方法。

北京联合大学信息技术与教学深度融合过程中根据不同阶段学校教学建设与改革需要，确定重点建设内容，基于地方高校多校区的办学实际，以辅助传统教学、优质资源共享、强化教学过程管理为首要目的，构建了集网络辅助教学、网络远程实时教学、课件录播的多校区"三位一体"网络教学平台，建设了以网络教学平台为核心，融合教学辅助决策系统、校长巡控系统、家长促学系统、移动北联大等多个系统的教学管理支持服务信息平台。在引入试点阶段是少量课程、部分教学资源的发布平台；整合推广阶段是重点建设课程的资源共享平台；学生自主学习平台和网络辅助教学平台；深化应用阶段则是在前期工作基础上，推动网络教学平台成为所有课程资源的共享平台、学生自主学习平台和网络辅助教学平台以及重点建设课程的教学模式改革平台。

2. 创新组织运行机制，推动协作共建

实现信息技术与教育教学的深度融合，离不开强有力的组织领导和相关部门的协同、协作。为了更好地服务于学校教育信息化的建设改革目标，各高校一般都设置了校、院级信息化领导小组以及专门的管理服务机构。2014 年调查数据表明[①]，超过80%的高校都指派了一名副校长来具体负责本校教育信息化发展规划的制定。从这些分管信息化业务的校级领导的管理范围来看，在普通高校和高职院校，这些领导同时分管教学业务的比例最高，分别为38.10%和45.45%，这也反映了在普通院校和高职院校信息化建设为教学服务的特点。

从各学校推动信息技术与教学融合的实施情况来看，组织实施的主体也更加多元化。例如，北京大学建设和推广应用"北大教学网"，就是在信息化建设与管理办公室的领导下，联合计算中心、现代教育技术中心共同实施。信息化建设与管理办

①　根据教育部科技发展中心《中国高等教育信息化进展报告（2014）》调查数据。

公室是全面负责学校信息化工作的职能部门，统筹学校的信息化建设与管理，负责学校信息化经费的统筹、系统选型论证等工作；计算中心主要承担全校网络基础设施建设及运维管理、全校信息管理系统的研发及集成，提供"北大教学网"宿主系统和存储系统的管理维护等；现代教育技术中心主要承担全校教室管理、课堂实录、教学平台管理、课件及网络课程制作以及教师培训等工作。每个部门根据职能优势，划分工作范围，遇到问题及时沟通、快速解决，发挥优势合力支持保障教学。

为了推动所采购的网络教学平台切实在教学中发挥作用，北京工商大学专门成立了"网络辅助教学平台应用建设领导小组"，领导小组由主管教学副校长、教务处处长、学院（部）负责人组成。领导小组的主要职责是对网络辅助教学建设进行宏观管理，整合学校网络教学资源，推进学校课程建设和教学改革。网络辅助教学平台应用建设领导小组下设网络辅助教学建设办公室。在网络教学平台信息化建设中实行各学院（部）网络辅助教学建设院长（主任）负责制，院长（主任）负责本层级建设目标的制定、具体规划与实施。各学院（部）设立网络辅助教学建设办公室，指定专人负责网络教学建设的日常事务。这种层层负责的工作模式有效推动了网络教学平台的常态化利用。

山东理工大学成立以学校主要领导为组长的山东理工大学信息化领导小组，加强对信息化建设工作的领导、总体规划和内容设计，研究决策建设过程中的重大问题；建有教育技术中心（挂靠教务处）、网络信息中心两个处级单位，具体负责学校教育信息化工作的实施。

北京联合大学设立了一个处级单位信息网络中心，教务处设有专门的科室（教务信息科），建立了"技术人员＋管理人员＋教师"的多方协同机制：技术人员负责平台的硬件运行维护以及技术支持服务，保障平台稳定运行；管理人员负责课程组织与建设，平台模块设置，并执行学校政策，组织培训等；教师主要是在学校管理人员的组织下，在技术人员的支持下，负责对课程内容进行合理组织与发布，与课堂教学相结合，对平台各项功能进行具体应用。

东北师范大学有专门的管理部门和负责人，统筹规划平台课程服务计划和阶段目标，图书馆与教务部门合作推动平台的深度应用，有效地解决了教务部门、学院教师以及图书馆三者间的沟通问题，提高了学校资源的开放度和使用效率，更提高了教务管理部门和教学辅助单位对于教学支持的深度和广度。

3. 加强资源整合，建立共建共享通道

提供有效的支持服务，加强基础设施和信息资源整合是实现信息技术和教学深度融合的保障。各高校都注重加强平台的软硬件建设，提高平台使用的便捷性。从对 20 所高校案例的分析中可以看出，支持服务既有共性，也有特色。

如北京大学在教学网上新增研发和成熟教学工具，如在线课堂、视频虚拟课堂、移动学习、实录视频点播、照片花名册、师生互动墙等。2013 年下半年"北大教学网"进行系统软硬件全面升级，高可靠性负载均衡服务器集群系统保障 6 万用户上万次并发连接。暨南大学将学校综合教务系统和网络教学平台进行数据整合，实现了网络教学平台用户、课程及课程注册关系的实时更新，提高平台使用的便捷性。山东理工大学升级网络教学综合平台，实现网络空间人人通，实现正方教务管理系统与网络教学综合平台之间数据实时自动推送；提升现有校园网络基础设施面向教学服务的效能；提高终端有线网络的上网速度，实现校园无线网络的覆盖，学生可以随时随地利用碎片时间通过网络学习；修订网络付费办法，减少学生上网费用，校内网络教学资源免费使用。南方医科大学通过搭建医学培训考核云服务平台，整合、优化多家医学高校的高质量教学考核资源，服务省内各层次的医学教育单位、医疗培训机构以及广大人民群众，并用大数据技术挖掘各类信息，为不同人员提供丰富的决策管理服务数据。

北京联合大学以网络教学平台为核心，整合各类教学平台，将分散、孤立的支持服务子系统进行深度融合，搭建了互通互联、常规服务模式与移动服务模式并行、多方位、立体化的教学支持服务信息平台，如将教务处网站、教务信息系统、网络教学平台、家长促学系统、领导辅助决策系统、校长巡控系统等进行整合，形成常规教学服务平台；将教务处移动互联网、移动北联大、网络教学平台的移动学习模块进行整合，形成移动服务平台。还将各类分散的资源平台进行整合，提高网络教学平台资源的多样性和丰富性，满足多校区学生个性化学习需求。2010 年 7 月，学校对网络教学平台进行了硬件升级，Web 端部署 4 台刀片服务器并利用专用硬件设备实现负载均衡，数据库端利用 Oracle Rac 技术实现数据库集群，通过光纤连接高速的 SAN 存储网络，全方位保证系统的性能和数据的安全。2013 年 1 月，学校对后台存储进行了扩容与升级，达到了 5 000GB 的存储空间，有力地支撑了全校网络教学的深化应用。

4. 创新技术服务模式，拓展服务培训内容

教师和学生信息技术的应用能力是影响信息技术与教学深度融合的重要因素。各高校普遍重视教师和学生信息技术的应用能力，在技术服务的模式和内容方面积极寻求创新，尽可能满足师生的多种需求。

例如北京大学构建了较为完善的服务体系，一是设置技术服务保障机制，将技术支持人员分类为前台热线客服人员、后台系统管理人员、教学支持人员（培训师、设计师）；开设服务热线、解答邮箱，甚至对教学网系统故障，设置了短信提示预警及远程控制处理等。二是形成多层次培训体系，按照不同群体的不同层次的需求，开设每周固定的常规培训和实习指导、每月随机的一小时专题讲座、每学期不定期的院系专场培训，满足各类教师需求，让教师感到心里踏实，愿意尝试。三是建立教学网体验中心，将普通机房打造成可以让教师随时随地体验教学网各种功能的专属区域，增加了互动反馈教学设备、自动跟踪录播系统、视频会议系统、交互式课件制作软件，教师可以进行资源加工、课件设计、课程制作等。教学网体验中心是全校最先进的教学技术应用多功能示范基地。

暨南大学开展了常抓不懈的教育技术等级培训、项目培训、走进院系培训、网上培训、案例研讨等多层次、多类型、多角度的平台培训工作。此外，在平台上还建立详细的使用帮助和教程；建立平台独立使用的邮箱；建立平台技术支持的热线电话；并公开出版了3本培训教材。东北师范大学面向教师和学生助教定期开展网络课程建设培训，包括平台功能应用和信息技术应用等。山东理工大学长年坚持不懈开展教育技术培训，组织了"送服务到学院"的培训；教育技术中心充分利用每周四下午没课的时间，逐一到各学院进行技能培训。针对不同的群体，培训不同的内容，实现按需培训。

北京联合大学依据不同校区情况，采取集中与分散相结合的方式：以校本部校区为核心进行集中培训，同时深入到其他校区进行广泛的普及与推广工作，并根据不同的培训对象如院系管理员、教师、学生调整选择适合的培训内容，通过电话、邮件、在线服务等多种方式为教师和学生提供各类技术支持和答疑；协助教师进行课件上传、课程复制等工作；在平台中开设"平台服务与管理"专栏，发布各类实用的使用方法、操作文档和指南，并进行动态更新；通过网络在线方式提供必要的、有用的、及时的网络服务。

5. 制定专项激励政策，推进"应用"及"融合"

制度创新是技术创新的先决条件，也是促进技术与教学深度融合的有力手段。只有创新管理制度，建立与推动信息技术与教学深度融合相适应的配套管理政策，才能发挥信息技术在当代教育中的优势，规范教师的网络教学行为，规避信息技术在与教育融合过程中出现的负面问题。例如，暨南大学为了推动网络教学平台的建设先后出台了《关于加快推进暨南大学本科教学信息化建设的通知》《网络教学平台管理办法》《暨南大学关于启动"本科课程中心"建设的通知》等政策文件，不断激励教师积极应用网络教学平台。河北师范大学为了进一步规范网络教学、维护网络教学工作秩序，保证网络教学的正常开展，出台了系列文件，如《河北师范大学本科网络教学管理办法》《河北师范大学网络教学资源管理办法》《河北师范大学网络辅助教学课程建设基本细则》《河北师范大学网络辅助教学优秀课程评审细则》和《河北师范大学网络课程建设规范》。

山东理工大学在政策上将教育信息化试点内容写入《山东理工大学关于实施第二期本科教育优质工程的意见》，在环境上完善了校园网络和数字化学习机房；在专业方面重新修订了《2013 级人才培养方案和教学计划》，将学生的信息技术素养和技能纳入人才培养标准；在课程建设方面，将信息化教学建设内容、目标和要求等明确写入了学校系列课程建设文件；在评价方面把"教学信息化建设"作为评价指标之一纳入《山东理工大学学院目标管理实施办法》，把"信息技术与课程教学融合程度"纳入教师教学质量年度评价。

北京联合大学为保障信息化的有效实施，通过制度设计、政策导向、检查督导等推动以网络教学平台为核心的教学支持服务信息平台的建设和使用，将其作为强化教学过程管理、提升学生自主学习能力、推动教师教学模式改革的平台，配套出台《北京联合大学关于校级及以上本科精品课程网络教学资源建设基本要求》《关于开展网络学堂课程建设与规范工作的通知》，对网络教学平台上的课程的建设内容提出规范性要求；出台《北京联合大学关于进一步加强若干通识教育必修课程教学的意见》，要求量大面广课程进一步加强网络辅助教学，并通过网络教学平台实现数学、英语等分层次教学；实施"3＋X"考核方式改革和课外学习制度，要求学生使用网络教学平台；还修改完善了学生评教指标体系，将教师的网络教学平台使用情况作为重要指标，引导教师建设和使用网络教学平台。

6. 常态考核评价，奖优激励创新

平台的推广应用仅靠教师和管理人员的工作热情是不能长久的，必须有良好的制度和组织保障，才能使平台保持良性发展。高校除了给予必要的政策和经费支持外，还要制定监督考评制度、鼓励奖励制度等，督促高校师生自觉、主动有效地将信息技术引入到教学过程中，并切实带动教学质量的提高。各高校在教学评价的内容、评价的标准、评价的方法等方面进行了探索和改革，建立了新的评价和激励机制。

例如，北京大学通过"教学信息化评比"引导院系开展教学信息化建设，将教学网作为学校衡量院系信息化建设的一个重要考核指标,设立"教学新思路"教改项目,引导教师开展混合式学习的探讨,让教师领悟、认可教学网是辅助教学的好帮手;组织"北京大学多媒体课件和网络课程大赛",指导并支持参赛教师完成个性化课程建设,在教学网中树立学科应用典范。

暨南大学将教师信息技术应用能力作为教师资格认定、职称评聘和考核奖励的重要条件,加大对项目经费的投入,由以前的每个项目 3 000 元增加到 10 000 元,并制定详尽的项目规范和技术标准。山东理工大学把"教学信息化建设"作为评价指标之一纳入《山东理工大学学院目标管理实施办法》,把"信息技术与课程教学融合程度"纳入教师教学质量年度评价。北京工商大学教务处定期检查并公布各教学单位网络辅助教学平台使用情况,包括课程访问量、课程上传量等数据,同时通过师生座谈、问卷调查等方式,对网络辅助教学平台的使用频率、互动情况、使用效果及满意度等进行检查和评价;每学年还进行一次评奖活动。学校对评选出的优秀网络辅助教学课程进行推广,并对网络辅助教学课程建设效果较好的教师在申报学校教学改革研究项目、教育教学成果奖、本科教学优秀奖等方面予以优先考虑;将网络教学平台课程访问量和课程上传量作为申报本科教学优秀奖的参考依据。

北京联合大学以教改立项形式鼓励教师开展网络课程改革和考核模式改革,对建设使用效果好的授予校级教学成果奖称号,并推荐参评市级成果奖评选;以立项的形式鼓励教师依托网络学堂和直播教室建设校级网络精品视频公开课,每项给予 10 万元经费支持。学校还定期对应用情况开展评价与分析。一是监控平台使用整体情况;二是监控每门课程、每个用户详细的使用情况,将这些结果整理汇总、统计分析,进行排名,并予以公布和展示。

7. 加大经费投入,拓宽经费渠道,探索多元投入机制

各高校不断加大经费投入,保障教育信息化工作的顺利实施。北京联合大学对教学信息化建设提供专项经费支持,已累计投入 400 多万元加强网络教学平台及教学资源建设,包括课程资源建设、系统整合升级、课程资源购买引进、购买专业公司技术服务等。

在推进教育信息化过程中,各高校还积极探索建立多元化的经费投入保障机制。例如山东理工大学通过中央和省市财政专项支持、校企共建、国内外社会团体和个人捐助等形式,多渠道筹集建设资金,试点期间计划投入建设经费 800 万元用于课程信息化建设专项。每年 200 万元,主要包括 100 万元研究项目及奖励经费、20 万元资源库建设经费(含视频资源建设专项经费)、20 万元软硬件平台维护费、20 万

元教师网络教学中心维持费（含教师教育技术培训费）以及40万元网络化多媒体教学终端设备更新与运维费。

在当前我国积极推进教育现代化、教育信息化的大背景下，信息技术和教学深度融合是高等教育改革发展的必然趋势。不少高校已充分认识信息技术给高等教育带来的深刻影响，努力借助信息技术开展与教学深度融合的实践活动，助力破解教育改革和发展的难点问题，并因此带动了教育教学管理机制的创新，取得了一些可喜的成绩。

但另一方面，我们也要看到，目前不少高校信息技术和教学深度融合的模式仍处在探索阶段，开展时间不长，形式和内容还比较单一，融合的深度和广度还不够，促进深度融合的教育长效机制尚未建立。不少高校不敢在信息技术的教学应用方面提出硬性要求，不敢将信息化教学效果纳入学生评课指标，在激励政策方面没有明显的政策倾斜，这都会妨碍教师将在教学中积极推广和深度运用信息技术变成一种习惯。

信息技术发展日新月异，面对高等教育发展信息化的新趋势，部分教师还没有充分认识到信息技术给自身教学所带来的冲击，加之认为网络辅助教学既耗时又费力，在信息技术教学应用方面有畏难情绪，这就要求学校要加强政策引导，提供强有力的支持服务。总之，信息技术与教学深度融合是一个长期的过程，需要不断创新体制机制，方可实现教育信息化可持续发展。

第二篇

课程资源与应用

——推进"融合"的基础工程、项目实施及共享前景

优质数字化教学资源的建设与共享是信息技术与教学深度融合的基础和保障，也是推动信息技术与教学融合常态化的关键。经过20多年优质教学资源建设发展以及共享实践，我国高等教育数字化教学资源从无到有，从零散到系统，从匮乏到成果丰硕，从辅助教学课件到网络课程，从开放教育资源到在线开放课程，取得了跨越式发展。在探索与实践的同时，我们紧密关注、研究、学习和借鉴国际上的最新进展、先进经验，自2000年开始的开放教育资源运动及到2012年以MOOC为代表的开放教育运动，部分高水平大学始终紧紧跟上，结合国内教育教学需求，在实际建设中不断推进探索和深化改革。

近年来，我国教育信息化快速发展，对促进教育公平、提高教育质量、创新教育教学模式的支撑和带动作用显著。2013年初，教育部在新闻发布会散发的材料《教育信息化工作进展情况》中指出，我国教育资源的开发与应用取得重要进展，初步形成覆盖各级各类教育的数字教育资源体系。在高等教育领域，绝大多数高校建立教学资源库，1 800家图书馆共享服务，建成3 900多门国家级精品课程，尤其是2011年开始启动的精品开放课程成果显著。[①]

---

① http://www.moe.edu.cn/publicfiles/business/htmlfiles/moe/s5889/201302/148042.html

高等教育优质资源的建设与共享的驱动力始终来自两个方面：一是持续推进的高等教育教学改革，如面向 21 世纪教学内容改革计划、新世纪教改工程、提高质量若干意见、质量工程、本科教学工程与提高质量 30 条等，为优质教育资源建设与共享提供政策和机制保障。二是日新月异的信息技术的发展，推动优质教育资源的数字化、开放化，为优质教育资源的建设与共享提供技术保障；而教学资源的数字化、开放化建设是高等教育优质资源共享的前提条件。本篇在回顾国内高校优质教育资源建设与共享的总体情况之后，重点介绍了国家精品开放课程建设与共享项目的进展，以及该项目对推动信息技术与教学融合可能发挥的作用。

一、全国课程资源建设项目的基本进展

回顾中国高等教育数字化资源建设的历史，以及最近流行的慕课和微课建设和应用情况，可以发现，我国目前高等教育优质教学资源建设成果主要体现在三个方面，即国家项目支持的开放课程、学校积极开发的在线课程和企业开发的网络课程。国家课程建设项目始终发挥着引领作用，由教育部组织的国家精品开放课程建设与共享项目承上启下，在全国范围内影响巨大，见证了我国优质教学资源建设与共享发展历程；慕课可以看作是学校主导、教师参与的精品课程建设项目，面向大众，提升了学校和教师的影响力；相对来说，微课更具有草根性，由全国网培中心、一些协会和出版企业推动的多种微课培训和比赛，提升了教师的信息技术素养和信息化教学能力，对推动信息技术与教学的深度融合有重要的促进作用；社会网络课程资源也逐渐走入高校课堂。

1. 国家支持的优质教学资源建设与共享项目

国家支持建设的优质教学资源项目通常包括资源和平台两个不可分割的部分。改革开放以来，国家投入大量人力、物力用于数字化教学资源共享信息平台的建设，取得较大成绩，其代表性的成果有：中国高等教育数字图书馆（CADLIS）、国家开放大学（原中央广播电视大学）、中国知识基础设施工程（CNKI）、中国高校课程网、国家精品课程资源网、国家精品开放课程共享系统（"爱课程"网）等。国家支持建设的优质教学资源项目又可分为三类模式：

一是国家重点立项和投资的大型教育资源共享信息平台，主要由国家在政策和经费上强力支持建设，如 CNKI。资源由国家组织人员完成，网络平台设备先进，具

有多个镜像服务器，信息技术检索平台水平高，按商业模式运作，采用资源超市（如流量计费卡，主要针对单个用户）、电子商务平台（教育城域网可以对其自建、买断的数据库发行自己的流量计费卡）向授权范围内的机构用户提供镜像、包库、包流量服务等；其共享模式主要采用会员制形式（针对各高等院校），需按年交纳会费；其评价机制靠专家完成。

二是国家立项投资的高等教学资源共享信息平台，主要由国家在政策和经费上给予支持，如 CAI 课件、网络课程、精品课程、立体化教材等，资源由各高校一线教师完成，一般为分布式资源，即资源分布在各制作学校，由各学校提供日常维护的技术和资金，受资金限制，网络平台设备较弱，基本只提供网络链接，缺乏信息技术检索平台，部分资源全免费开放（国家级精品课），大部分资源面向区域（本学校）开放；主要通过电子介质出版，由各高校购买，其评价机制靠专家完成，基本没有用户评价机制。国家精品开放课程共享系统在吸收国家精品课程建设经验的基础上，形成了建设与共享并重的机制。

三是国家立项支持的远程教育大学以及校际之间的资源开放与共享项目。前者最典型的是国家开放大学，该校已集聚总量超过 60TB 的数字化学习资源向社会推送、开放与共享，还大规模开发五分钟课程，并向社会公众免费推出多种专题学习网站。该校计划在 3 年内，建设完成 3 万个涉及学历与非学历教育、覆盖数百个学科领域的五分钟课程，目前已建成 5 000 门课程上线向社会免费开放。按照"一库多网"理念，该校向社会免费推出中国普法网、大学生村官网、阳光学习网、三农远程教育网、滇西学习网等专题学习网站，实现数字化学习资源的分类、整合使用，满足了学生的多样化需求。后者如中国石油大学（华东）、北京交通大学、福建师范大学、西南科技大学、北京网梯科技发展有限公司发起成立的"网络教育教学资源研发中心"，成员单位建设了 30 门各具特色的小学分素质教育课程进行共享。类似的组织包括"东西部大学联盟"、全国地方高校优课联盟等。

2. 高校开展的教学资源建设和教学应用

一是高校网络教学平台推动校本教学资源积累。按平台建设的方式，可分为两种方式：高校自建平台和引进第三方平台。第一，近年来国内教育技术界已开始致力于引进和开发网络教学平台。一些高校和教育软件公司积极开发自己的网络教学平台。如清华网络学习平台、北京师范大学现代教育技术研究所参与开发的新叶网络教学平台、龙腾多媒体远程教育系统、南京大学的天空教室网络教学系统、苏州大学课程中心教学资源共享平台①等。这些大多属于辅助课程讲授的网络教学平台。第二，国内许多高校采用国际上比较流行的 Blackboard、WebCT 等网络教学平台，如北京大学、东北师范大学、暨南大学、西北民族大学等。

按高校实际教学模式的差异，也可将网络教学平台分为两种：辅助课程讲授的网络教学平台和面向协作活动的研究型教学平台。辅助课程讲授的网络教学平台针对课程教学的六个教学要素（讲授、讨论、作业、实验、考试和教材）进行支持或辅助。面向协作活动的研究型教学系统的主要功能包括支持研究型教学的各个环节，适应各类探究性学习的过程和活动，支持探究性学习参与者的协作组织与管理，给学习者提供丰富的探究工具和协作工具，以及给教师提供灵活、简便的管理支持。

二是高校开展的教学资源建设和教学应用实践。就学校层面而言，主要表现为以工程或项目形式推进的教学资源建设和教学应用。中央电大遵循"以学习者为中心"的资源建设宗旨，建设的学习资源包，包括了"一村一名大学生计划"107 门课程、护理学专业 5 门课程、园艺专业 5 门课程等。空军第一航空学院启动"课程数字资源精品化工程"，采用课程数字资源"教学设计主导下的一体化、工程化"建设模式，构建了"横向学教并行、纵向全面覆盖"的一体化数字资源建设体系。

就教师层面而言，高校教师利用本校的网络教学平台或项目开展教学资源建设和教学应用。北京大学的程英老师以科学的理念和理论为先导实现北大教学网与教学的深度融合，针对"研究生英语影视听说课"的教学难点，将北大教学网与课程整合，创建了"一个中心（学生），两个辅助（教师和教学网），三个理念和目标（'语块''意念－功能''体验式外语教学'），六项听说活动"的英语影视听说课程体系，有效解决了影视听说教学的难题，改进了英语影视听说的教学效果，受到北大选课学生的欢迎。四川广播电视大学 2009 年省级精品课程"期货交易实务"设计的通用的 Web 平台是共享优质课程资源的平台，成为精品课程建设的有效捷径。通过应用该平台，各专业教师能简单、方便、快捷地建设自己的课程网站。平台中的精品课程建设思想和教学资源，能够起到对其他专业及高职院校精品课程建设模式改革的带动推广作用，为其他专业和院校提供了可借鉴的经验。

三是高校教学资源建设和教学应用的特点不同。高校网络教学平台大都局限于系统内或高校内，共享范围有限。在线课程模式大致可以分为内容核心模式和沟通核心模式两类。前者注重学习内容的数字化，而后者注重教学过程的数字化和网络

---

① 高校教学资源共享平台建设的实践与探索资料由李慧提供。

化。从学习者角度来看，两种不同类型的在线课程分别对应了两种在线学习模式：自主式学习模式和引领式学习模式。适合自主式学习模式的课程开发的重心在高质量的内容。而适合引领式学习模式的课程开发的重心在教师的引导，课程设计以促进学生之间的沟通与协作为出发点。

作为高校优质教学资源建设的重要推手，全国多媒体课件大赛作品范围不断扩大，参赛数据呈上涨趋势。目前，全国多媒体课件大赛参赛作品，包括多媒体教材、网络课程、微课程等。此外，全军优秀军事训练资源数字媒体资源评选的类型，包括多媒体教材、网络课程、电视教材、视频公开课等。以全国多媒体课件大赛为例，近年来参赛单位、参赛作者、参赛作品均呈稳步增长趋势，高等学校（含高校组和高职组）参赛作品占总作品数的比例保持在90%以上（见表2-1）。

表 2 -1　2011—2013 年全国多媒体课件大赛①

届次	参赛单位数	参赛作者数	参赛作品数	各组参赛作品数	各组参赛作品所占比例
第13届	474	7 320	2 261	高教组 1 393，高职组 482，中职组 89，微课程组 297	高教组 61.61%，高职组 21.32%，微课程组 13.14%，中职组 3.94%
第12届	420	7 382	1 861	高教组 1 319，高职组 475，中职组 67	高教组 70.88%，高职组 25.52%，中职组 3.60%
第11届	403	6 157	1 666	高教组 1 103，高职组 411，中职组 152	高教组 66.61%，高职组 24.67%，中职组 9.12%

3. 企业建设的教学资源建设和教学应用

企业建设的教学资源建设和教学应用包括以下三种类型：

一是由企业出资建设的高等教学资源共享信息平台，如中国高校课程网。资源由企业组织各高校一线教师招标完成，信息平台完全按商业模式运作，主要以会员制形式（针对各高等院校），需交纳会费，在网络平台设有用户评价机制。

二是由企业出资建设网络信息平台，资源由网络征集，如"中国高等学校教学资源网"（CCTR），信息平台完全按商业模式运作，主要以会员制形式（分集体和个人会员），需按年交纳会费，在网络平台设有用户评价机制。

三是非营利性社会团体组织、国内大学作为会员单位参与的以联盟形式共同建设提供的共享资源。如成立于2003年的中国开放教育资源协会（CORE），是一个以

---

① http://www.cern.net.cn/newcern/kjds/13.html

包括北京大学、清华大学等在内的 26 所高校及 44 所省级广播电视大学为基本成员的联合体。其宗旨为"吸收以美国麻省理工学院为代表的国内外大学的优秀开放式课件、先进教学技术、教学手段等资源用于教育，以提高中国的教育质量。同时，将中国高校的优秀课件与文化精品推向世界，促成教育资源交流和共享"。

在 2010 年之前，中国开放教育资源协会已经做了许多"开放课程"的翻译和推广工作，不过由于缺乏有效的推广手段，很少有人知道"开放课程"的存在。2010 年 11 月，网易推出了"全球名校视频公开课项目"，首批 1 200 集课程上线，其中有 200 多集配有中文字幕。2011 年 4 月，由复旦大学与网易合作的网易公开课正式启动。网易公开课的创举可谓是国内高校开设网络课程的先河。复旦大学将该校的部分授课视频向社会公开，吸引了更多人对中国的人文教育发展的关注和支持。

二、国家精品开放共享课程的建设成效

我国教育信息化优秀课程资源建设尝试起步于 20 世纪 90 年代初，主要以部分高校陆续研制了一批计算机辅助教学软件为特征，其背景是被称为"一场革命"的多媒体计算机的出现，其综合处理文字、图像、声音、图形的能力，很快成为辅助教学的重要手段。1992 年，在原国家教育委员会高等教育司的领导与指导下，高等教育出版社与北京大学、南京大学等 20 多所高校教师成功组织研制了当时具有世界领先水平的"大学物理计算机辅助教学软件"，成为我国高校中第一个计算机辅助教学软件。1996 年，国家教育委员会和国家计划委员会共同启动了"九五"国家重点科技攻关项目——计算机辅助教学软件研制开发与应用（简称 96 – 750 项目）。该项目旨在提高我国整体的计算机辅助教学水平，项目分高等教育部分和基础教育部分。高等教育部分共立项 146 项，其中，理工类 130 项、文科类 6 项、外语类 5 项、综合类 5 项。项目除包括计算机辅助教学软件外，还包括多个学科试题库的建设。96 – 750 项目产生了大量的成果，同时为我国高等教育培养了一批能较好地利用现代教育技术提高课程教学质量的优秀教师。

1. 系统性开发和规模性成果显现

随着现代教育技术和信息化、互联网的发展，如何更好地利用计算机和互联网为高等教育服务，成为世纪之交教学方法和教学手段改革的重要方面。1999 年，教育部启动了"现代远程教育工程"，并将其列入《行动计划》，其中一项重要工作是

探讨在网络环境中建设网络课程。2000 年，教育部开始实施"新世纪高等教育教学改革工程"，其中明确提出，要加强现代远程教育资源建设，其内容主要包括网络课程建设、素材库建设、远程教学实验试点、教学支撑平台、现代远程教育管理系统及信息网站建设、远程教育工作者培训、现代远程教育研究和法规建设等；开发风格多样、内容丰富、全国大部分地区可以共享的网上教育资源；建立较为完善的教学、指导、服务、管理体系；形成一支现代远程教育教学、技术和管理队伍；制定比较完善的现代远程教育政策、法规和管理办法；建立适应信息社会的教学模式，为构建终身教育体系奠定基础。该项目中包含了智能计算机辅助教学软件和智能题库的研究，为我国教学信息化、网络化的进一步发展奠定了基础。

2000 年 5 月，教育部高等教育司启动"新世纪网络课程建设工程"，其目标是用大约两年的时间，建设 200 门左右的基础性网络课程、案例库和试题库。其中，网络课程既可供学生远程学习，又可供教师在课堂教学中辅助教学，包括以课程各知识点为单元的开放式网络课件库；案例库可为开展案例教学提供必需的教学资源，同时也为网络课程建设提供丰富、优秀的教学素材；试题库既要能够满足网上测试需要，又能够用于校内教学诊断。"新世纪网络课程建设工程"的内容是依据各网络教育学院计划开设的专业，特别是对网络教育学院进行的资源需求调查的结果，将需求比较大的教学资源列入了"新世纪网络课程建设工程"，包括了文、理、工、农、医、财经、政法、管理等各个科类的部分课程，并按照公共课、专业系列课程、专业核心课程的形式进行规划。

"新世纪网络课程建设工程"的重点是教学内容，主要载体是网络课件，光盘和文字教材亦可作为辅助载体。案例库包括重大历史事件案例、标本模型案例、工艺流程案例、规划设计案例、典型病例、工商管理案例、法学案例等几种类型。试题库主要是与网络课程进行配套建设。经过各高校的申报和专家评审，最终有 321 个项目得以立项通过，全国近百所高校的 4 000 多名教师参与了此次课程建设。2003年，教育部先后 3 次组织了对立项项目进行验收和评审，最终有 299 项通过验收，22项未通过验收。

"新世纪网络课程建设工程"的成果用于多所大学网络教育学院的现代远程教育试点，校内和校际之间的网上选课以及学分的承认，支持发达地区高等学校和西部地区高等学校通过网络教学进行对口支援。为使新世纪网络课程的建设成果能更好地被广大高校使用，在进行网络课程建设的同时，教育部还专门出资建设了网络课程应用系统。该应用系统在 2003 年正式上线，在 2003 年"非典"期间，200 多门网络课程在该应用系统上面向全国广大高校免费开放，取得了很好的社会效益。

2. 国家精品课程建设项目的推动作用

在"新世纪网络课程建设工程"项目取得经验成就的基础上，2003年，教育部启动了"高等学校教学质量与教学改革工程"精品课程建设工作。精品课程是具有一流教师队伍、一流教学内容、一流教学方法、一流教材、一流教学管理等特点的示范性课程。精品课程建设要求以提高人才培养质量为目标，以提高学生国际竞争能力为重点，整合各类教学改革成果，加大教学过程中使用信息技术的力度，加强科研与教学的紧密结合，大力提倡和促进学生主动、自主学习，改革阻碍提高人才培养质量的不合理机制与制度，促进高等学校对教学工作的投入，建立各门类、专业的校、省、国家三级精品课程体系。

精品课程建设工程计划用5年的时间建设1 500门国家精品课程，建成校、省、国家三级精品课程体系，形成多学科、多课程的网络共享平台。到2006年年底，经过4年的时间，已经累计建设、评审出了1 139门国家精品课程，数千门省级精品课程和校级精品课程，初步建设完成了三级精品课程体系。

随着项目升级和规模扩大，遵照2007年1月教育部、财政部联合下发的《教育部财政部关于实施高等学校本科教学质量与教学改革工程的意见》（教高〔2007〕1号）精神，"高等学校本科教学质量与教学改革工程"正式启动，其包含专业结构调整与专业认证，课程、教材建设与资源共享，实践教学与人才培养模式改革创新，教学团队与高水平教师队伍建设，教学评估与教学状态基本数据公布，对口支援西部地区高等学校共6部分内容，又一次明确提出了：继续推进国家精品课程建设，遴选3 000门左右课程，进行重点改革和建设，力争在教学内容、教学方法和手段、教学梯队、教材建设、教学效果等方面有较大改善，全面带动我国高等学校的课程建设水平和教学质量。在质量工程结束时，国家将建成4 000门国家精品课程，以及上万门的省级和校级精品课程，这样将大大提高我国高校课程质量，建成一个覆盖高等教育本、专科各专业的精品课程体系。

自2007年开始到2010年结束，累计建设、评审出了2 771门国家精品课程，国家精品课程的总数达到了3 910门。这些精品课程的建设和使用，大大提高了我国高校的课程质量，促进了教学方法和教学手段的改革，培养了一批适应社会主义现代化建设需要的人才。在课程建设过程中，还涌现出了大批名师，普遍提高了高校教师的授课水平；同时，积极推进网络教育资源开发和共享平台建设，建设面向全国高校的精品课程和立体化教材的数字化资源中心，建成一批具有示范作用和服务功能的数字化学习中心，实现精品课程的教案、大纲、习题、实验、教学文件以及参考资料等教学资源的网上开放，为广大教师和学生提供免费享用的优质教育资源，完善服务终身学习的支持服务体系。

为使国家、省、校级精品课程能够更好地为高等学校服务，2007年5月，教育部启动了国家精品课程集成项目，其建设目标是：以国家精品课程建设为基础，采用现代信息技术、网络技术，研究制定国家精品课程共享信息技术标准与规范，集成4 000门国家精品课程，建设适应对精品课程进行存储、检索、服务运行需求的支撑环境和共享服务平台，建设国家精品课程资源库和资源中心，研究建立国家精品课程共享与应用机制，实现对课程的快速访问和个性化主动服务，使广大教师和学生能够方便、快捷地免费享用优质教学资源，促进高等教育教学质量的不断提高。该项目由清华大学负责，高等教育出版社、华中科技大学共同承担。

2008年，国家精品课程资源网正式上线。截至2009年年底，国家精品课程资源网上共集成了3 020门国家精品课程、5 976门省级精品课程、3 211门校级精品课程和3 233门开放课件。资源库中包含数字化教学资源641 802个，总容量11TB。网站上注册教师会员174 202人。

3. "质量工程"项目持续发力效果显著

2011年，教育部、财政部决定在"十二五"期间继续实施"高等学校本科教学质量与教学改革工程"（以下简称"质量工程"）。充分结合以往的建设成果和经验，结合国际上最新的开放课程建设进展，国家精品开放课程建设与共享作为"质量工程"五大建设项目之一，带动起省级教育行政部门、高校建设开放课程的高涨热情，推动全国在线开放课程建设掀起新高潮。

1）国家精品开放课程建设要求

国家精品开放课程建设项目的目标，是在我国高等教育提高质量、坚持内涵式发展的大背景下，为落实《教育规划纲要》、促进教育教学改革、提高教育信息化水平、推动优质教育资源共建共享、服务学习型社会建设。《教育部关于国家精品开放课程建设的实施意见》（教高〔2011〕8号）明确提出，国家精品开放课程包括精品视频公开课与精品资源共享课，是以普及共享优质课程资源为目的、体现现代教育思想和教育教学规律、展示教师先进教学理念和方法、服务学习者自主学习、通过网络传播的开放课程。精品视频公开课是以高校学生为服务主体，同时面向社会公众免费开放的科学、文化素质教育网络视频课程与学术讲座。精品资源共享课是以高校教师和学生为服务主体，同时面向社会学习者的基础课和专业课等各类网络共享课程。精品视频公开课和精品资源共享课都在国家精品开放课程共享系统集中展示和共享，该系统利用云计算等先进信息技术和网络技术，具有教、学兼备和互动交流等功能，面向高校师生和社会学习者提供优质教育资源网络共享服务。

国家精品开放课包括两类课程：精品视频公开课和精品资源共享课。精品视频公开课着力推动高等教育开放，弘扬社会主义核心价值体系，弘扬主流文化、宣传科学理论，广泛传播人类文明优秀成果和现代科学技术前沿知识，提升高校学生及社会公众的科学文化素养，服务社会主义先进文化建设，增强我国文化软实力和中华文化国际影响力。

精品视频公开课建设以高等学校为主体，以名师名课为基础，以选题、内容、效果及社会认可度为课程遴选依据，通过教师的学术水平、教学个性和人格魅力，着力体现课程的思想性、科学性、生动性和新颖性。精品视频公开课以政府主导、高等学校自主建设、专家和师生评价遴选、社会力量参与推广为建设模式，整体规划、择优遴选、分批建设、同步上网。教育部对精品视频公开课进行整体规划，制定建设标准。高等学校结合本校特色自主建设，严格审查，并组织师生对课程进行评价，择优申报。教育部组织有关专家对申报课程进行遴选，对遴选出的课程采用"建设一批、推出一批"的方式，在共享系统上和确定的公共门户网站上同步推出。"十二五"期间，建设1 000门精品视频公开课。

精品资源共享课旨在推动高等学校优质课程教学资源共建共享，着力促进教育教学观念转变、教学内容更新和教学方法改革，提高人才培养质量，服务学习型社会建设。精品资源共享课建设以课程资源系统、完整为基本要求，以基本覆盖各专业的核心课程为目标，通过共享系统向高校师生和社会学习者提供优质教育资源服务，促进现代信息技术在教学中的应用，实现优质课程教学资源共享。

精品视频公开课质量要求有：课程的主讲教师应为学校正式聘用教师，并长期从事该门课程相关教学工作，具有丰富的教学经验、较高的学术造诣。鼓励"高等学校教学名师奖"获得者、学术名家主讲视频公开课。主讲教师须严格遵守法律和学术规范，注重课程内容的选择和教学方式的创新，善于与学生互动，充分展现个人的教学个性和人格魅力，保证视频课堂的现场教学效果。要求课程为经过教学实践检验的优质课程，注重突出本校办学特色和学科优势，能够充分展现我国高等教育先进的教学模式、一流的教学水平、优秀的教学方法、丰硕的教学成果，代表我国高等教育教学水平。大力提倡我国高水平大学开展视频公开课建设，为实现优质课程资源的普及、共享做出贡献。鼓励课程建设重点为影响力大、受众面广的科学、文化素质教育类课程及学术讲座的建设，注重中国传统文化类、科学技术类和社会热点类课程的建设。课程须同时符合网络传播的特点，选题适当，内容完整，分专题呈现，凝聚精华，引人入胜。每门课程至少5讲，每讲时长30~50分钟。为保证视频公开课的质量及展示与传输效果，课程制作必须严格执行国家有关法律法规以及有关媒体制作、传播标准和规范，符合"精品视频公开课拍摄制作技术标准"。

关于国家开放课程共享与使用的要求是，教育部组织建设国家开放课程共享系统，并通过协议约定，实现课程的基本资源免费共享、拓展资源有条件共享，保证国家级精品资源共享课的便捷获取和使用，满足高校师生和社会学习者多样化的需求。教育部、省级教育行政部门、高等学校通过网上监管、使用评价、年度检查等方式对精品资源共享课的实际应用情况进行跟踪监测和综合评价，监督和管理精品资源共享课的运行、维护和更新，实现常态化、安全化运行，促进课程建设质量和使用效益不断提高。

2）国家精品开放课程建设模式

精品资源共享课以政府主导，高等学校自主建设，专家、高校师生和社会力量参与评价、遴选为建设模式，创新机制，以原国家精品课程为基础，优化结构、转型升级、多级联动、共建共享。教育部组织专家根据教学改革和人才培养需要，统筹设计、优化课程布局。高等学校按照精品资源共享课建设要求，对原国家精品课程优选后转型升级，并适当补充新课程，实现由服务教师向服务师生和社会学习者的转变、由网络有限开放到充分开放的转变。

同时鼓励省（市、区）、校按照精品资源共享课的建设定位，加强省、校级精品资源共享课建设，通过逐级遴选，形成国家、省、校多级，本科、高职和网络教育多层次、多类型的优质课程教学资源共建共享体系，探索引入市场机制，保障课程共享和持续发展。"十二五"期间，计划建设5 000门国家级精品资源共享课。

国家精品开放课程建设由教育部统筹规划，省（市、区）教育行政部门负责向教育部推荐精品视频公开课，组织本地区精品资源共享课的建设、应用和监管。高等学校作为课程建设的主体，应充分认识开展精品开放课程建设工作的重要意义，实行主管校长负责制，在政策、经费和人力等方面予以保证，多部门协调，精心组织课程建设和应用，把好课程政治关、学术关和质量关。同时，充分发挥教育部本科、高职和继续教育各有关学科、专业教学指导委员会的作用，组建国家精品开放课程建设专家组，负责相关政策研究、课程遴选、内容审查和运行评价。委托有关机构成立项目工作组，具体负责技术研发、资源编审加工、运营推广及相关服务工作。

精品视频公开课以政府主导、高等学校自主建设、专家和师生评价遴选、社会力量参与推广为建设模式，整体规划、择优遴选、分批建设、分批上网；以"中国大学视频公开课"形式在"爱课程"网（www.icourses.edu.cn）及其合作网站中国网络电视台、网易同步上网，以课程建设学校的名义推出。精品视频公开课面向社会免费开放，以高等学校和教师自愿申报、自愿共享为原则。入选"中国大学视频公开课"的课程，高校和主讲教师须与高等教育出版社签署"中国大学视频公开课知识产权协议"，以明确课程建设各方的权利、义务和法律责任。学校在向教育部提交课程前，应依法妥善处理课程涉及的与第三人相关的权利或义务事宜。在课程正式推出前，不得在公开网络传播使用。入选"中国大学视频公开课"的课程被禁止用作商业用途。有关高等学校要高度重视视频公开课建设工作，各部门通力合作，精心策划和设计，实行学校和主讲教师负责制，确保课程质量。

精品资源共享课的组织与建设方式，是教育部负责精品资源共享课建设项目的总体规划，制订国家级精品资源共享课建设计划，并按照普通本科教育、高等职业教育、网络教育和教师教育的特点和要求，制订课程建设计划，制定课程遴选、评价标准，分类指导和组织国家级精品资源共享课建设和使用。省级教育行政部门依据教育部总体规划，根据区域经济发展和学科、专业布局，制定省级建设规划，组织实施省级精品资源共享课建设和使用，并按照国家级精品资源共享课建设要求择优向教育部推荐课程。高等学校是精品资源共享课建设的主体，按照精品资源共享课建设要求，根据办学特色和学科专业优势做好本校精品资源共享课的建设计划，组织教师建设校级精品资源共享课，实行学校和主讲教师负责制，确保课程质量，并向省级教育行政部门择优申报课程。同时鼓励高等学校采取校际联合、学校与社会联合等方式，建设精品资源共享课，实现课程共建共享。

在申报方式及评审程序上，对于原国家精品课程中建设基础较好、使用量大、使用面广的公共基础课以及为满足课程改革需要建设的新课程，可由教育部组织有关专家研究论证确定课程选题，采取招标的方式开展课程建设。采取遴选准入方式的国家级精品资源共享课，由省级教育行政部门统一向教育部推荐，网络教育国家级精品资源共享课由现代远程教育试点高校直接向教育部申报。教育部组织专家、高校按照国家级精品资源共享课建设要求及遴选标准，对推荐课程进行网上评价和会议评审，评审通过的课程上网实现共享。省、校级精品资源共享课的申报与评审方式分别由省级教育行政部门与高校决定。

国家精品开放课程建设与共享项目包括 3 个子项目，除视频公开课和资源共享课 2 个课程建设项目以外，还包括国家精品开放课程共享系统建设。2011 年 11 月，首批 20 门"中国大学视频公开课"在"爱课程"网（www.icourses.edu.cn）及其合作网站中国网络电视台、网易同步上网。根据建成一批、上网一批的原则，截至 2015 年 3 月底，视频公开课已立项 1 011 门课程，上线 781 门课程，总讲数为 5 598 集。

3）精品资源共享课建设要求

国家级精品资源共享课程建设项目中的申报课程必须是已在学校连续开设 3 年以上，在长期教学实践中形成了独特风格，教学理念先进、方法科学、质量高、效果好，得到广大学生、同行教师和专家以及社会学习者、行业企业专家的好评和认可，在同类课程中具有一定的影响力和较强的示范性。

关于国家级精品资源共享课程建设的团队要求：国家级精品资源共享课应该由学术造诣深厚、教学经验丰富、教学特色鲜明、具有高级专业技术职务的教师主持建设，建设团队结构合理，应包括专业教师和教育技术骨干。高等职业教育精品资源共享课中的专业课建设团队还应该体现专兼结合的"双师型"教学团队特点。

关于国家级精品资源共享课程建设的内容要求：课程内容能够涵盖课程相应领域的基本知识、基本概念、基本原理、基本方法、基本技能、典型案例、综合应用、前沿专题、热点问题等内容，具有基础性、科学性、系统性、先进性、适应性和针对性等特征，严格遵守国家安全、保密和法律规定，适合网上公开使用。

关于国家级精品资源共享课程建设的资源要求：应结合实际教学需要，以服务课程教与学为重点，以课程资源的系统、完整为基本要求，以资源丰富、充分开放共享为基本目标，注重课程资源的适用性和易用性。基本资源指能反映课程教学思想、教学内容、教学方法、教学过程的核心资源，包括课程介绍、教学大纲、教学日历、教案或演示文稿、重点难点指导、作业、参考资料目录和课程全程教学录像等反映教学活动必需的资源。拓展资源指反映课程特点，应用于各教学与学习环节，支持课程教学和学习过程，较为成熟的多样性、交互性辅助资源。例如：案例库、专题讲座库、素材资源库，学科专业知识检索系统、演示/虚拟/仿真实验实训（实习）系统、试题库系统、作业系统、在线自测/考试系统，课程教学、学习和交流工具及综合应用多媒体技术建设的网络课程等。

关于国家级精品资源共享课程建设的技术要求：国家级精品资源共享课建设应符合《国家级精品资源共享课建设技术要求》。技术要求将在教育部官方网站高等教育司主页"本科教学工程"栏目发布。网络教育课程还应符合网络教育的特殊要求。

按照本科和高职高专教育、远程教育、教师教育三个类型，国家级精品资源共享课分别于2012年和2013进行了申报。2013年6月26日，教育部召开首批中国大学资源共享课上线发布会，首批120门中国大学资源共享课，通过改版后的"爱课程"网向社会公众免费开放。[①] 截至2015年3月底，资源共享课已立项2 911门课程，上线2 621门课程，包括724 952集录像。

4）国家精品开放课程共享系统

国家精品开放课程共享平台以"爱课程"网站（www. icourses. edu. cn，www. icourses. cn）对社会呈现，是集中展示国家精品开放课程、具有教学兼备和互动交流等功能的公共服务平台，承担面向公众的视频公开课程服务、面向师生的资源共享课程服务。为便于省、市、学校一级课程的展示和服务，国家精品开放课程共享服务平台由中心站、省节点、校园端三级平台组成，形成覆盖全国高校的三级应用与服务体系，如图2-1所示。

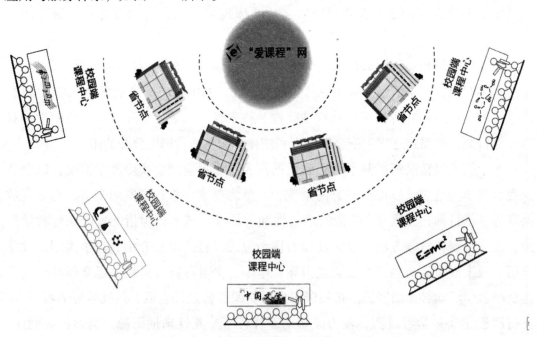

图2-1 国家精品开放课程共享平台三级应用服务体系

---

① 中央电视台新闻频道"新闻直播间"，2013 – 06 – 27.

"爱课程"网承担国家精品开放课程的建设、应用与管理工作，致力于优质课程资源的广泛传播和共享，受到学习者广泛好评，已成为我国有影响力的集聚优质课程和资源、开展在线教学活动、提供个性化学习服务的在线开放课程平台。

国家精品开放课程共享平台定位是面向高等学校和社会公众开放的、支持大容量数据和高并发访问量、具有互动参与性的高等教育课程资源服务网站，具有传播先进文化、传播知识、活动交流、"教""学"兼备的功能。同时，国家精品开放课程共享平台将与中国大学生在线、高等学校网站以及国内主流门户网站合作，通过接入和镜像等方式，借助各方优势，实现优质课程资源的广泛传播，服务于学习型社会建设。

近年来，MOOC 在国内外兴起，MOOC 的理念是通过信息技术与网络技术将优质教育送到世界各个角落，它是开放教育资源运动发展十年的质性蜕变，不仅提供免费的优质资源，还提供完整的学习体验；它展示了与现行高等教育体制结合的种种可能，对我国高校的优质教学资源建设与共享提出了新的挑战与要求。国家精品开放课程建设与共享项目结合国内外 MOOC 发展的新形势和高校的新需求，在精品视频公开课、精品资源共享课的基础上，建设"中国大学 MOOC"，并取得显著成果，引领我国高校优质教学资源向以 MOOC 为代表的国家在线开放课程过渡。

三、MOOC 在高校教学领域的应用实践

全球教育领域内大规模在线教育课程（Massive Online Education，MOE）已有十多年的发展历史。第一阶段，1999 年发端于德国图宾根大学、2002 年兴盛于美国麻省理工学院的网络公开课 OCW（OpenCourseWare），或可称之为 MOE1.0；第二阶段，2012 年迅速崛起的大规模开放在线课程 MOOC（Massive Open Online Courses），可称为 MOE2.0。总体上看，MOOC 是在 OCW 基础上一个合乎逻辑的发展，它一方面秉承了 OCW 以最优质教育资源免费服务于全世界广大学习者的基本理念，另一方面，深深受益于近年来互联网基础设施（网络带宽、无线网络等）、互联网技术（网络视频、社交网络等）、人工智能技术等领域的突飞猛进，MOOC 被赋予了 OCW 所欠缺的诸多显著特点，使得它进一步具有了将 OCW 基本理念推向极致的能力。

2012 年之所以被称为 MOOC 元年，其标志性事件是三家 MOOC 公司相继问世，大体上形成了"三足鼎立"的格局。即：2011 年 11 月，由斯坦福大学著名学者创建的私人公司 Coursera 成立；2012 年 1 月，同样由斯坦福大学著名学者创建的私人公

司 Udacity 成立；2012 年 5 月，由麻省理工学院和哈佛大学联手创建的非营利性公司 edX 成立。这三家公司在其 MOOC 平台上均推出了若干门非常有冲击力的 MOOC 课程，单门课程全球学习者在 10 万以上。一时风生水起，声势夺人。斯坦福大学校长 John Hennessy 将 MOOC 比作教育史上"一场数字海啸"。美国前教育部长 William Bennett 也宣称：他感到一种"古希腊式的复兴"正在发生。从 2012 年至今短短 3 年，这三家公司都得以迅速发展，如据 Coursera 官网提供的数字，截至 2015 年 7 月 31 日，其平台上开设了由全球 121 个合作伙伴提供的 1 068 门课程，学习者已超过 1 400 万人。国内对 MOOC 的关注，始于 2012 年下半年，从无到有，大力发展，目前呈现出一片繁荣的景象。

1. 国内高校 MOOC 建设及应用的实践探索

中国 MOOC "从无到有"，主要表现为名校的积极参与，清华大学、北京大学、复旦大学、上海交通大学、国防科技大学等名校是主要行动者和潮流引领者，随后引发众多高校的普遍参与，呈现出你追我赶的势头。

1）清华大学建设 MOOC 的探索实践

清华大学计算机科学与技术系党委书记孙茂松教授于 2012 年 7 月 25—27 日在美国谷歌总部参加"谷歌北美教育高峰会"，美国工程院院士、普林斯顿大学教授李凯将美国工程院院士、斯坦福大学教授，同时也是 Coursera 联合创始人的 Daphne Koller 先生介绍给他，双方就在线教育问题进行了初步接触和讨论。原计算机系主任周立柱敏锐地觉察到 MOOC 很可能是引发全球教育变革的一个重大契机，自 2012 年底起，在多个场合，尤其是在 2013 年 1 月举行的校学术委员会上向学校领导建议，清华大学应从战略高度积极应对 MOOC。2013 年寒假期间，时任清华大学校长陈吉宁召集校内有关方面负责人和部分教师开会，专门研讨 MOOC 问题，并决定就此展开深入调研，开学后随即成立了由钱颖一、陈皓明、周立柱三位资深教授组成的学校在线教育战略组，进行相关战略研究。

——对接国际平台建设"学堂在线"

在充分调研和审慎判断的基础上，2013 年 5 月起，清华大学果断推出了一系列重要举措：5 月 9 日，经 2012—2013 学年度第 18 次校务会议讨论通过，成立了由计算机系、交叉信息研究院、社科学院、教育研究院组成的清华大学大规模在线教育研究中心（挂靠计算机系），孙茂松被任命为主任。5 月 21 日，清华大学与 edX 同时宣布，清华大学正式加盟 edX，成为 edX 首批亚洲高校成员之一，清华大学将配备高水平教学团队与 edX 对接，前期将选择 4 门课程上线。

　　5月29日，在线教育战略组向学校提交了《对我校推进在线教育的建议》，针对在线教育定位与近期发展思路、在线教育整体架构设计与各部门职责、与其他高校和企业的合作模式等关键问题建言献策，并建议清华在加入国际联盟的同时，必须自行开发与国际在线教育平台兼容的中国在线教育平台，面向全球开放，借此进一步拓展在线教育模式，大力推动优质教育资源的开放和共享，为社会提供更为广泛的教育服务。6月1日，edX开放源代码Open edX，鼓励通过全球合作研发来促进平台持续改进，6月6日，清华大学大规模在线教育研究中心即组建了清华自己的在线教育平台"学堂在线"的研发团队，基于Open edX开始研发工作，学校同时组织相关教师团队，开始4门MOOC课程的建设工作。

　　7月4日，清华大学第十三届党委第三十八次常委会议讨论，决定成立清华大学在线教育领导小组。校长陈吉宁亲任组长，时任主管教学副校长袁驷任副组长，成员包括校办、教务处、研究生院、人事处、科研院、信息化技术中心、大规模在线教育研究中心等部门负责人。9月26日，经2013－2014学年度第1次校务会议讨论通过，成立清华大学在线教育办公室，聂风华被任命为主任。自此，清华启动MOOC工作的各项部署基本完成。

　　经过四个月的紧张努力，清华大学的大规模开放在线课程平台——"学堂在线"MOOC平台，于2013年10月10日正式推出。这也是全球首个向国内外全面开放的中文版MOOC学习平台。当日，清华大学在主楼举行了新闻发布会，教育部高教司司长张大良、清华大学副校长袁驷、edX主席Anant Agarwal出席发布会并致辞。发布会上，"学堂在线"平台负责人孙茂松介绍了"学堂在线"平台（www. xuetangX. com）的技术特点：已完成了Open edX的国际化与中文本地化（这部分源代码已回馈给Open edX并为其所采纳），开发了不依赖YouTube的HTML5视频播放器，建立了系统性的测试框架，实现了平台全文搜索功能及计算机程序的自动测评，并部分完成了可视化公式编辑器、手写汉字与公式识别、用户学习行为分析模块以及移动设备的课程学习应用。

　　同时，清华大学"电路原理""中国建筑史"等五门课程、麻省理工学院"电路原理"课程、北京大学"计算机辅助翻译原理与实践"课程作为第一批上线课程也在"学堂在线"平台开放选课。至11月6日，"学堂在线"选课总人次超过33 000人，注册用户数超过27 000人。2014年寒假前，这五门课程陆续结课，"学堂在线"向课程学习通过者发出了第一批MOOC证书。此外，8月10日，清华大学作为中国大陆地区首个高校，在edX平台上向全球开放了两门在线课程——"电路原理"和"中国建筑史"。截至 2015 年 10 月 9 日，已有来自 126 个国家和地区的 129 万注册学习者选修了"学堂在线"推出的 504 门慕课课程。这个中国最大的大学在线教育平台运行两年来，选课人次已达 267 万人。504 门慕课中的 108 门由清华大学开发，其他课程来自国内外知名高校与机构以及 edX 慕课平台联盟成员高校，内容涵盖计算机、经济管理、理学、工程、文学、历史、艺术等多个领域。[①]

——以专业学位项目探索混合教学模式

2015 年 5 月 7 日，清华大学宣布正式启动国内首个基于混合式教育模式的学位项目——"数据科学与工程"专业硕士项目。该学位项目依托"学堂在线"平台建设满足培养要求的完整成系列的数据科学与工程专业在线课程组，并格外强调线上与线下、学习与实践高度融合。清华大学副校长杨斌表示，学校正在深入推进教育教学改革，而人才培养质量的提高，教育模式的改革发挥着重要作用。在专业硕士学位项目中采用混合式教育模式，就是希望更有效地服务专业人才及其组织的一种强烈需求——在不脱离实践的同时，提升知识、能力和素养，让线上与线下、学习与实践、在岗与在校更好地融合。大规模在线开放课程的出现，提供了一个满足这种需求的非常好的契机，从一门一门课程的学分认可，发展到混合式教育模式基础上的学位授予，这是一个富有改革意义的模式创新。

"数据科学与工程"项目学术负责人、清华大学计算机系副主任武永卫称，该项目将突破传统专业硕士学位的招考和培养模式。在招生录取环节，该项目将以在线课程学习代替专业考试，面试则重点考核创新实践能力。这种招考模式使得在线教育平台所记录的学生学习行为的大数据，成为辨别可造之才的关键，使专业考试从偏重知识考核转向注重能力考核。而在培养环节，该项目所有课程都将采用基于在线课程学习的翻转课堂，学生通过"学堂在线"平台学习理论知识，定期到校园在课堂里与老师、同学进行深度研讨，并针对实际问题开展系统性专业实践。为此，该项目以实践为导向精心设计了课程体系，既汇聚了清华大学计算机科学与技术系、软件学院、自动化系、交叉信息研究院等院系的知名教师，还将由研发一线专业人士讲授企业案例课程，并与百度、阿里、腾讯等公司合作建立学生实践基地，还特别按需定制专用大数据实验平台，促进专业硕士的实践能力培养。

该项目于 2015 年秋启动第一次招生，2016 年第一批学生进入该项目学习。项目旨在培养数据存储、运行监管、智能分析挖掘及战略决策等依赖于大数据资源和平

---

① http://www.chinanews.com/sh/2015/10 - 10/7562847.shtml

台的专门人才，这些人才可胜任数据存储管理师、数据分析师、数据系统架构师乃至数据科学家、首席数据官、商务分析师、战略管理者等岗位。

2）北京大学在线课程建设的探索实践

2013 年 3 月 6 日，北京大学党政联席会议批准启动"北大网络开放课程"建设项目，随后校办印发了《关于积极推进网络开放课程建设的意见》（校发〔2013〕42 号文），提出：要将"推进网络开放课程建设作为面向未来的重大发展战略之一，给予高度重视，并决定成立由校领导担任组长的网络开放课程建设领导小组。"在这个文件的指导下，北大的 MOOC 工作得以迅速推进。

2013 年 4 月，学校指派研究生院院长陈十一具体负责网络开放课程建设项目，校长助理李晓明担任网络开放课程建设工作组组长，动员协调教务部、研究生院、继续教育部、现代教育技术中心、教育学院等单位参与。这时期北大的主要活动如图 2 - 2 所示。

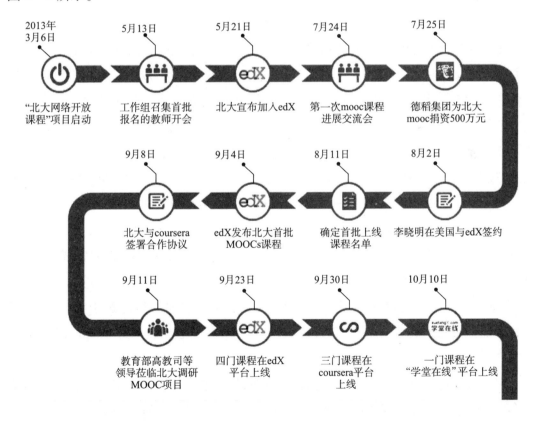

图 2 - 2　北大 MOOC 工作在第一阶段的主要活动①

---

① http：//mooc. pku. edu. cn/mooc/，做了适当剪裁。

北大 MOOC 建设工作主要聚焦在优质 MOOC 课程建设上。2013 年 5 月 21 日，北大宣布加入 edX。9 月 4 日，edX 平台发布了北大首批 MOOC 课程："20 世纪西方音乐""电子线路""民俗学""世界文化地理"，9 月 23 日，这些课程在 edX 上开课。9 月 8 日，北大与 Coursera 签署合作协议，进一步寻求并尝试多样化的、适合各种学习者的 MOOC 平台。9 月 9 日，北大在 coursera 上发布三门课程："生物信息学""计算概论（A）""大学化学"，9 月 30 日，这三门课程在 Coursera 上开课。10 月 10 日，北大一门课程"计算机辅助翻译"在清华大学推出的"学堂在线"上发布。10 月 20 日，北大又有三门课程在 Coursera 平台上开放："艺术史""人群与网络"和"数据结构与算法 A"。

此外，2013 年 9 月，网易公开课正式与北大合作，为北大的 MOOC 项目提供技术支持，并邀请北大老师入驻网易 MOOC 学习专区，让中国用户更方便地使用 MOOC 课程。

3）国防科技大学在线课程的快速建设与应用

为深入贯彻党在新形势下的强军目标，落实习近平主席视察学校时提出的人才培养等系列重要指示，围绕支撑军队院校教育、部队训练实践、军事职业教育三位一体新型军事人才培养，2013 年 6 月以来，国防科技大学在校长杨学军任组长的学校数字化在线教育领导小组统筹领导下，以优质教育资源数字化建设为基础，以 MOOC 理念和模式为手段，制定下发校党委《关于深化数字化在线教育工作的意见》，按照"高度关注、理性研究、稳步实践"指导原则和"大、新、快"工作思路，自主研制了 MOOC 平台——"梦课"学习平台，大力建设 MOOC 课程。

6 月 4 日，国防科大召开"MOOC 发展趋势及影响"动员部署会，启动 MOOC 平台和课程建设工作。7 月 31 日，首批五门军事高科技类 MOOC 课程完成建设。8 月 20 日，国防科大自主研制的 MOOC 平台——"梦课"学习平台在军综网上线。至 10 月 13 日，平台注册已超过万人，10 月 24 日，平台同时在线超过千人。11 月 27 日，首批官兵完成在线考试，12 月 13 日，"梦课"发出第一张 MOOC 课程学习证书。

国防科大的"梦课"学习平台着眼新型军事人才培养需求，结合现代教育技术理念，吸收借鉴国内外 MOOC 平台优势特点，依托军综网，瞄准满足"数十万人注册，万人在线"的学习规模，完全自主研制。学校专门成立技术和行政指挥线，以学校信息化建设力量为核心，信息技术研究团队为支撑，临聘地方专业技术力量，组成军民融合式开发团队，经过近 3 个月的集体攻关，8 月 20 日，第一版正式上线，面向全军开放使用，成为国内第一个自主研制上线、具有相对完整 MOOC 特征的 MOOC 平台。

该平台具有六个特点：

①成熟性。采用成熟的开源技术路线。采用 JAVA 语言开发，采用 MVC 设计模式，基于 Wicket + Spring + MySQL 技术框架，应用 nginx、tomcat、lighthttpd 等成熟 Web 技术，并通过定期和淘宝等技术团队交流，优化开发模式及功能实现。

②快速响应性。平台保持每周至少一次的更新频率，通过线上意见反馈、专题讨论区，线下部队调研、电话回访等相结合的方式，持续收集用户反馈，并进行平台快速更新迭代。

③针对性。贴近基层官兵需求，具有一系列体现部队特色的功能。根据官兵"比、学、赶、帮、超"学习特点，基于游戏化学习和众包原理，建立了实时排名、荣誉声望、任务挑战等机制，有效激发参学人员学习热情。结合部队有组织学习的特点，初步建立了参学单位层级式管理权限，探索实践了"平台设立虚拟考场 + 部队统筹设立实体考场 + 部队专人监考巡考人员"的线上线下结合的结业考核模式，确保了学习效果真实可信。

④简约性。面向部队参学人员学习基础不一的情况，平台从设计到实现，力求降低使用门槛，从目前情况看，所有参学官兵无须培训即可开展自主学习。

⑤多功能性。平台提供微视频授课、课程论坛、学习进度跟踪、随堂测试、主客观作业评判、课程考试等学习支撑功能，层级用户管理、课程管理、学习过程管理等管理功能，以及大数据分析等辅助决策功能。

⑥稳定性。系统稳定可靠，服务可用率达 99.9%。

4）上海交通大学共享 MOOC 教学模式的探索实践①

上海交通大学 MOOC 发展战略目标是建设优质 MOOC，推进 O2O 混合式教学，形成"MOOCinside"课程教学新模式；打造"好大学在线"，为海内外大学提供优质 MOOC 教学平台；建立大学 MOOC 共享机制，促进大学间优质课程共享和修课学分转换。

上海交通大学于 2013 年初成立了"慕课推进办公室"，同年 7 月举行"在线教育发展国际论坛"，并与 Coursera 建立合作伙伴关系。2014 年 4 月，上海交通大学自主研发的"好大学在线"平台正式对外发布。该平台与百度合作加强技术支持，目

---

① 袁松鹤，刘选. 中国大学 MOOC 实践现状及共有问题——来自中国大学 MOOC 实践报告 [J]. 现代远程教育研究，2014 年 04 期。

前汇聚了上海交通大学自建的 30 门课程和北京大学、香港科技大学、台湾新竹交通大学的 4 门课程。上海交通大学还成立了"慕课研究院"，并于 2014 年 6 月召开首次"跨校慕课教师研讨会"。

上海交通大学 MOOC 实践的突出特色体现在两个方面：一是具有推进优质教育资源，从网络课程、视频课程、视频共享课到"南洋学堂"的"微课程"等开放共享的实践基础。二是开发的 MOOC 主要面向在校学生（还尚未对社会开放），探索与西南片区高校之间基于 MOOC 的优质教育资源共享和学分互认。这与上海西南片区高校联合办学的历史是分不开的。上海市西南片区高校联合办学机构成立于 1994 年 8 月，20 多年来成员高校之间的跨校修读、"跨校第二专业"深受学生欢迎。基于 MOOC 改进的教学模式，允许学生在本校进行在线学习，然后到开设 MOOC 的学校参加翻转课堂学习，并参加考试，以此来推进 O2O 混合式教育。

5）复旦大学建设 MOOC 常规教学体系的实践①

复旦大学对 MOOC 的定位，一方面是把复旦的课程推向社会，承担起大学服务社会的应有责任；另一方面是希冀引领校内的教学改革，使在线教学线上线下同步进行，同时将 MOOC 建设纳入常规的教学体系。

2013 年 7 月，复旦大学与 Coursera 签订合作意向书，复旦大学负责向 Coursera 提供优质的课程内容，Coursera 负责培训复旦的教师。复旦大学依托教师教学发展中心、现代教育技术中心、校园信息化办公室等，成立了"复旦在线课程建设与研究小组"，加强复旦大学课程的整体规划和教学研究等。教师教学发展中心还以"教学研究和教改激励项目"为抓手，设立"MOOC 课程建设实践"项目，汇集一大批优秀教师边讨论、边学习、边实践、边研究。2014 年 4 月，复旦大学首门课程——"大数据与信息传播"正式在 Coursera 上线，预计 9 月份，还将有 6~8 门课程上线。复旦大学还加入了 U21 国际大学联盟的 MOOC 计划，将推出英文 MOOC。

复旦大学推进 MOOC 的主要特色是务实，以服务于学校的教学改革和研究。复旦大学提出"iMOOCs"的概念（"i"是指 internal），意指有内在需求和内在动力的 MOOC。iMOOCs 以学生为中心，聚焦于课程内容、学习成效、混合式教学改革和课程背后大数据的教学研究等，而不是聚焦于技术或做大学不擅长的市场与平台。

2. "中国大学 MOOC"平台建设

2014 年 5 月 8 日，"爱课程"网"中国大学 MOOC"开通，首批 16 所高水平大

---

① 袁松鹤，刘选. 中国大学 MOOC 实践现状及共有问题——来自中国大学 MOOC 实践报告 [J]. 现代远程教育研究，2014 年 04 期。

学的 56 门课程上线。5 月 20 日，首批 10 门 MOOC 正式开课。中国大学 MOOC 平台由"爱课程"网与网易公司联合建设，同时为学习者提供两个官方入口："爱课程"网和网易云课堂。在强强联合的促进下，中国大学 MOOC 发展迅速。

2014 年 9 月 17 日，中国大学 MOOC 用户人数突破 100 万人，成为中文 MOOC 第一大平台。2014 年 12 月 2 日，中国大学 MOOC 选课人次突破 100 万人。截至 2015 年 3 月底，"爱课程"网中国大学 MOOC，已有北京大学等全国 30 所高水平大学开设的课程 229 门次，发布课程 349 门次，69 所高校使用 76 门 SPOC 进行在线教学，选课人次已突破 150 万人，单门选课人数最多为 79 000 多人；以参与建设高校、课程团队最多，课程及教学资源数量、选课人数全国第一，国内单门课程选课人次创最高纪录，而稳居国内 MOOC 平台之首。

"爱课程"网/中国大学 MOOC、"学堂在线""好大学在线"三个平台的课程数据与关键功能如表 2－2、表 2－3 所示。

表 2－2　我国主要 MOOC 平台相关数据（截至 2015 年 3 月底）

MOOC 平台 / 指标	"爱课程"网 中国大学 MOOC	学堂在线	好大学在线
平台上线时间	2014 年 5 月 8 日	2013 年 10 月 15 日	2014 年 4 月 8 日
课程发布数量	349 门次 MOOC（另有 76 门 SPOC）	自主课程：115 门次（含 12 门独有 SPOC） edx 引进课程：311 门	29 门次
选课总人次	150 万人	63.4 万人	2.54 万人
已开课学校数	30	6	5
开课最多的学校	国防科大 18 门次	清华大学 108 门次	上海交大 24 门次
单门课最多选课数	78 914(1 次开课)	100 000(3 次开课)	3 121(2 次开、课)
课程应用类型	MOOC + SPOC	MOOC + SPOC	SPOC 为主

表 2－3　我国主要 MOOC 平台关键功能对比

功能特性	中国大学 MOOC	学堂在线	好大学在线
ICP 备案	√	√	—
独立框架开发	√	—	√
颁发证书	√	√	—
支持学分学习	√	√	√
国外知名大学课程	—	√	—

功能特性	中国大学 MOOC	学堂在线	好大学在线
SPOC 独立应用	√	√	—
课程开设完整性	√	—	—
大数据可视化分析	√	√	—
配套的学校和省市应用系统	√	—	—
客户端应用 APP	—	√	√

"爱课程"网的集成优势在于，"爱课程"网是在承担国家精品开放课程建设与共享项目的基础上，利用现代信息技术和网络技术，不断完成平台功能和服务，助力优质课程资源的广泛传播和共享，自2011年11月9日开通以来，相继推出三项标志性成果——中国大学视频公开课、中国大学资源共享课和中国大学 MOOC。"爱课程"网坚持立足国情，自主建设，以公益性为本，构建可持续发展机制，具有较大的集成优势，主要表现为：

（1）集聚与融通全国高校视频公开课、资源共享课、MOOC 和 SPOC 等多类在线开放课程。

（2）参与建设的高校、课程团队最多。

（3）课程及教学资源数量、MOOC 总选课人数全国第一。

（4）首家发放 MOOC 学习认证证书，提供 SPOC 服务。

（5）国内独家全程提供全学科编辑服务。

（6）完备的知识产权保障体系。

（7）提供全方位的个性化教学服务。

（8）首家构建中心站、省节点、校园端三级应用服务体系。

自2011年以来，"爱课程"网坚持为高校师生和社会学习者提供全方位的个性化服务，受到媒体和社会公众的广泛好评。2014年1月4日，"爱课程"网荣获第三届中国出版政府奖。2015年1月9日，"爱课程"网荣获由中国出版传媒商报社、法兰克福书展、法兰克福学院联合主办的第二届中国创意工业创新奖"新产品金奖"。"爱课程"网已成为我国有影响力的集聚优质课程和资源、开展在线教学活动、提供个性化学习服务的在线开放课程平台。

3. 全国各类 MOOC 平台建设

随着 MOOC 在中国的大力建设与发展，按照社会参与的形式，国内 MOOC 平台大体上可划分为四类：

（1）公共平台：以政府支持建设的"爱课程"网为代表，面向全国高校师生和社会学习者开放，以公益性为主。

（2）以某所高校为主体建设的平台：如"学堂在线""好大学在线"，这类平台的优点是能充分发挥所依托高校的办学优势，不足之处是参与建设的其他高校和教师不多，开放性略嫌不足。目前，清华大学"学堂在线"除清华大学本校的 100 门课程外，目前仅有国内 9 所高校开设的 14 门 MOOC。"好大学在线"已有 5 所高校开设 29 门 MOOC。

（3）高校联盟平台：表现为区域性或跨区域多所高校组成联盟，依托某一平台建设与共享在线开放课程，如上海高校课程中心、中国东西部高校课程共享联盟等依托的卓越"智慧树"平台，由 45 家高校和学会发起、202 名成员组成的中国医学教育慕课联盟，地方高校 UOOC（优课）联盟等，主要对加入联盟中的高校开放，部分对外开放。

（4）商业性教育课程平台：以营利为目的，提供视频制作、自建课程等有偿服务，如超星尔雅大课堂等，课程主要涉及各类培训、资格考试和部分专业课程，收费标准视课程性质不一。提供少量免费课程或片段免费观看。此外，在线教育中蕴含的巨大商机，已经引起了阿里巴巴、百度、腾讯等互联网公司的关注，开始纷纷布局在线教育。

作为高校优质教学资源建设与共享的新类型，与其他在线开放课程相比，MOOC 具有以下主要特征：

——以学习者为中心。就服务对象而言，OCW 或网络课程、精品资源共享课是以教师为主，提供的课程资源主要供教师借鉴，学习者处于从属地位。精品视频公开课以专题讲座为主，主要面对的是社会学习者。而 MOOC 是以学习者为主，既包括高校教师和学生，也包括社会学习者，授课老师变成学习的引导者和从旁协助者。

——完整的教学活动。就组织方式而言，OCW 或网络课程、精品视频公开课、精品资源共享课是课程资源的结构化集合；MOOC 不仅有逻辑严密的结构，而且有一个完整的教学活动，有开课和结课时间，学习者要参加平时作业和期末考试，教师完整地带学习者走一个教学流程。

——学习者参与感强。就学习者体验而言，OCW 或网络课程、精品视频公开课、精品资源共享课的学习者是围观者，学习者看大师在给他的学生上课；MOOC 的学习者是真正的参与者，学习者感到大师在给他自己上课。

——加入游戏元素，过程和结果激励。就过程与结果控制而言，OCW 或网络课程对学习者来说与一般网络资源无异，没有太多约束，也没有学习评价和反馈。精品视频公开课有评价留言，精品资源共享课有学习社区，但师生互动不强。MOOC经常采取游戏"通关"模式，不仅需要注册，而且还有作业、测验、讨论和考试等任务，可以和其他学习者、教师通过论坛或社交网络相互交流，成绩合格能够获得授课老师签名的学习"证书"。

——学习者有高度的自主性。学习者可以自设学习目标；可以在任意时间、地点进行学习；需要阅读多少资料，投入多少精力，进行何种形式和程度的交互等都由学习者自己决定。

这些特征凸显了MOOC对高等教育的变革性力量，它带来的不单是教育技术的革新，更会带来教育观念、教育体制、教学方式、人才培养过程等方面的深刻变化。因而，MOOC受到广大社会学习者的青睐。

4. 高校对MOOC的共享及应用情况

随着国内MOOC平台课程建设与共享服务的丰富和完善，一大批高校积极应用MOOC、SPOC来进行翻转课堂或混合式教学等教学改革实践。目前，中国大学MOOC和"学堂在线"可以提供学习证书的发放，中国大学MOOC更是首家发放认证证书和提供SPOC服务的平台，中国大学MOOC依据是否依托MOOC，开发出同步SPOC、异步SPOC和独立SPOC三种应用模式。"好大学在线"和"智慧树"提供学分互认和跨校共享课服务。

以"爱课程"网中国大学MOOC为例，目前高校应用MOOC主要有三种模式：

一是翻转式。MOOC建设高校，可直接将MOOC或以SPOC形式用于本校教学。由于课程结构和课程资源与本校教学计划完全一致，可直接通过中国大学MOOC平台开课，要求学生在课前浏览平台视频并思考相关问题，开展翻转课堂教学。

二是混合式。MOOC建设高校有丰富的课程资源，教师将这些资源上传到中国大学MOOC平台开展教学，并选择"爱课程"网同类课程作为拓展学习资源，辅助教学。

三是替代式。高校缺少某类课的师资，将"爱课程"网MOOC作为本校公选或专业选修课。学生选课后登录中国大学MOOC平台浏览课程视频完成课程学习。例如，武汉生物工程学院等已将中国大学MOOC平台所有MOOC列入学校选课课表，学生凭结课证书来认学分。

5. 高等教育优质资源建设与共享的主要问题

在世界各国MOOC强劲发展的势头下，国内的MOOC建设也迅速崛起。较之于过去单向视频授课的精品课程，MOOC 可以让学习者自由选择课程，自行决定学习时间和学习进度，通过在线交流、课堂测验、学生互评等形式带给学习者全新的学习体验。这一转变大力地促进了我国高校优质网络课程的建设与发展，实现了优质教学资源的广泛共享，推动了新的教学模式的探索。

2015 年 4 月，教育部印发了《关于加强高等学校在线开放课程建设应用与管理的意见》，指出在线课程未来发展的重要任务：建设一批以大规模在线开放课程为代表、课程应用与教学服务相融通的优质在线开放课程；认定一批国家精品在线开放课程；建设在线开放课程公共服务平台；促进在线开放课程广泛应用；规范在线开放课程的对外推广与引进；加强在线开放课程建设应用的师资和技术人员培训；推进在线开放课程学分认定和学分管理制度创新。[①]《意见》是政府层面发布的用以规范以 MOOC 为代表的在线开放课程的第一份指导性文件。根据文件的精神和部署，我国在线开放课程正朝着建设与应用并重、开放与专业兼顾、公益与市场结合、引进与输出同步等方向发展，以主动适应学习者个性化发展和终身学习的需求；立足国情建设在线开放课程和公共服务平台，加强课程建设与公共服务平台运行监管，促进优质教育资源应用与共享，推动信息技术与教育教学深度融合，全面提高高等教育教学质量。

1）在线课程建设与应用并重

在线开放课程的建设最终是为了用。正如邹景平所言，"2012 年是网络化学习凸显优势的一年，除了西方大学中喧腾热议的 MOOC 风潮，另外一股在静默中不断增加，却被大家忽视的好资源，就是'中国大学视频公开课'。"[②] 不管是视频公开课、资源共享课，还是 MOOC、SPOC，应用于教学是关键。《意见》强调，要坚持应用驱动、建以致用，着力推动在线开放课程的广泛应用；整合优质教育资源和技术资源，实现课程和平台的多种形式应用与共享，提高课程水平和应用效益。同时，鼓励高校结合本校人才培养目标和需求，通过在线学习和在线学习与课堂教学相结合等多种方式应用在线开放课程，不断创新校内、校际课程共享与应用模式，从而整体提升高等学校教学质量。

2）在线课程的多元开放模式

① http：//www. moe. gov. cn/publicfiles/business/htmlfiles/moe/s7056/201504/186490. html? gs_ws = tsina_635658137546745099

② 邹景平别忽略自家宝藏——中国大学视频公开课中国远程教育［EB/OL］. ［2015 - 03 - 19］. http：//www. yidongxuexi. com/a/5122. html.

由于教学需求的多样性和个性化并存，为主动适应学习者个性化发展和多样化的终身学习需求，在在线开放课程的建设过程中，在强调大规模开放、扩大优质教育资源受益面的基础上，根据学校、学科专业和课程的特殊性，针对高校师生和社会学习者的需求，也可提供小规模专有在线课程（SPOC）。《意见》鼓励高校使用在线开放课程公共服务平台，或可选用适合本校需求的其他国内平台以及小规模专有在线课程平台，开展在线开放课程建设和应用，即有此功效。

我国已经建成的视频公开课、资源共享课、MOOC 和 SPOC 等多类型在线开放课程体系为给高校师生和社会学习者提供优质高效的全方位或个性化服务奠定了基础，高校师生和社会学习者因地制宜、因校制宜、因人制宜、各取所需，有利于促进优质教育资源应用与共享，全面提高教育教学质量。

3）共享应用的公益与市场结合原则

为了使在线开放课程和平台能够可持续发展，需要建立公益与市场结合的长效机制。《意见》指出，坚持公益性服务为基础，引入竞争机制，在保障公益性的同时，积极探索课程拓展资源与个性化学习服务的市场化运营方式。这一意见给保障公共服务平台可持续发展奠定了制度基础。

4）在线课程要注意引进与输出同步

以 MOOC 为代表的新兴在线开放课程通过互联网的形式跨越国界传播，存在一定的监管盲区。《意见》强调要规范在线开放课程的对外推广与引进。在对外推广方面，加强公共服务平台课程和服务的国际推广与交流，鼓励通过在线开放课程公共服务平台和境外平台积极对外推广，经过高校或公共服务平台审核并推荐我国优质课程，提升我国高等教育的国际影响力。对外推广或引进课程应遵守我国教育、中外合作办学、互联网等相关法律法规，履行我国加入世界贸易组织有关教育服务的具体承诺，并择优推荐选择。学校或平台承担课程对外推广或引进课程的直接责任。鼓励优先引进反映学科发展前沿且具有先进的教育理念和教育经验的自然科学、工程与技术科学等学科优质课程。[①]

以 MOOC 为代表的在线开放课程建设在今后一段时期内将是无可争议的新常态。《意见》明确了政府、高校和平台的责任，确定了在线开放课程进一步发展的基本原则和重点任务。《意见》的出台有助于营造在线开放课程有序建设、加强应用、规范管理的发展大环境，有助于在新的形势下健全和完善中国特色在线开放课程体系和

---

① 《教育部关于加强高等学校在线开放课程建设应用与管理的意见》http：//www.moe.gov.cn/publicfiles/business/htmlfiles/moe/s7056/201504/186490.html? gs_ws = tsina_635658137546745099

我国在线开放课程平台及服务体系，推动我国高等教育优质教育资源建设与共享进一步发展。

四、我国高校"微课"建设及应用探索

以微视频为主要特征的微课，伴随着各级教育主管部门及相关单位举办的微课大赛，近些年来在高校迅速升温，日益成为高校数字化学习资源建设的另一道风景线。在阐述微课发展的时代背景下，分析人们对微课的不同理解和认识，继而对我国高校微课建设的现状进行调研，并对其应用的现状与发展趋势做出进一步的剖析，力图为变革传统大学课程教学模式寻找一个突破口。

1. 微课在高校发展应用的时代背景及趋势

微课，作为微时代的教学产物，在认知习惯、认知策略上都特别能够贴近当下学习者的心理。学习者已经不满足于灌输式、教条化的学习了，也很难沉心静气地从知识的源头到末梢进行特别有规划的学习，微课这种形式，不论是在中小学基础教育领域，还是在高等教育领域，都有着其因"微"而"大"的优势。

1) 移动技术的普及以及在高校教学领域的应用

随着移动互联网与移动智能终端技术的发展，无线网络及移动终端服务成为高校信息化建设的重点，使移动学习、移动办公、移动生活成为高校师生必不可少的一部分，同时也为高校微课的发展提供了技术上的可能性。

移动技术在高校的应用，一方面是以 WIFI 与 3G、4G 为代表的移动通信网络迅速覆盖大学。目前我国高校是通过中国电信、中国移动、学校自建三种方式搭建校园无线网。目前，南方各省和北方大部分省市的高校校园 WLAN 可用率达到 100%。[①] 另一方面是以智能手机、平板电脑、便携式计算机为代表的移动终端设备以及与移动终端相匹配的开源软件运动、云计算的发展，让移动终端日渐普及，而大学生成为移动终端的主要用户。几乎所有拥有笔记本电脑的被调查者都认为电脑对他们的学业成就有着重要作用。

美国新媒体联盟（New Media Consortium，简称 NMC）每年发布的《地平线报告》（The Horizon Report）清晰地展示了移动技术对高等教育的影响这一脉络。《地平线报告》是从 2004 年开始发布，每年预测对教育领域产生重大影响的信息技术。

---

① 网易科技．http：//www.cnbeta.com/articles/91042.htm. 2009 – 08 – 14.

2005 首次将泛在无线网络（wireless）列为会影响高等教育组织的关键技术之一。2006 年将"手机"（The Phones in Their Pockets）、2008 年将"移动宽带"、2009 年将"移动技术"、2010 将"移动计算"、2011 将"移动手机"、2012 年将"移动应用"、2013 年将"可穿戴技术"、2014 将"量化自我"列为影响高等教育组织的关键技术之一。① 从移动通信技术到移动终端硬件，从移动应用到为技术内化为量化自我的设备，移动技术逐渐从外在于"人"的设备，成为"人机一体"数字人必不可少的一部分。移动技术在高等教育领域的地位越来越重要，成为全球高等教育信息化建设的重点。

高校教育信息化基础建设已为校园内师生提供无线互联校园，在移动网络环境下用移动终端生活、娱乐、学习，已成为当前大学生的主要生活方式。这是"微课"有可能成为影响高等教育教学的技术条件。

2）微时代学生碎片化学习需求提供动力

智能化移动终端设备的出现和普及使得用户可以在等车、坐车等碎片时间利用移动终端进行信息活动，此时便出现了"碎片化学习"，即一种每次持续时间短但发生频率高的新型学习方式。② 信息活动的碎片化、移动互联网速慢、移动终端信息处理能力低的特征要求在移动环境下的信息量要短小精炼并且易访问、易下载。满足这三大特征的微博、微信、微视频等开始迅速发展，微传播开始迅速改变着中国的传播生态和舆论格局，以超乎人们想象的速度成为当今社会文化的主流。③ "微"已经成为当前人们的一种生存方式，我们进入了"微时代与碎片化时代"。

随着移动技术的飞速发展，用户在移动互联网中的信息活动方式从文字、图片发展到视频。YouTube 的崛起以及对在线视频长度的规定催生了微视频、微电影。同时视频制作技术难度的降低使人人皆能制作短小视频。2013 年，YouTube 发布的统计数据称：每分钟有 100 小时长的视频上传至 YouTube，每个月有超过十亿人访问 YouTube，数百万合作伙伴为 YouTube 创作内容。④ 国内网易、腾讯、搜狐、优酷、土豆、爱奇艺等视频网站兴起，尤其是以 TED 为代表的富有教育价值的微视频的兴起，使得微视频成为用户在碎片化时间获取信息的重要方式。而互联网平台的易用与开放，让不少教育机构将此类平台作为发布教学视频、建立分享交流社区的园地。

① The New Media Consortium. The Herizon report ［EB/OL］. http：//www. nmc. org/sites/default/files/pubs/1316813462/2005_Horizon_Report. pdf.

② 赵国栋. 微课与慕课设计初级教程 ［M］. 北京：北京大学出版社，2014：16 - 17.

③ 唐绪军等. 新媒体蓝皮书：中国新媒体发展报告 No. 5（2014）［M］. 北京：社会科学文献出版社，2014.

④ 站长之家. http：//www. chinaz. com/news/2013/0520/303269. shtml. 2013 - 05 - 20

可见，随着移动技术的发展及其在社会经济文化生活方面的渗透，移动教育、微学习日益为人们所接受，为微课的发展提供了技术与社会文化土壤。时间很长的视频在移动互联网传播较难，且很难让人有兴趣看完。短小精干的微课正好符合了网络学习者碎片式学习习惯。学习者碎片式学习的需求是微课不断发展的动力。对中国高校而言，大学生们已经将移动终端变成了身体的一部分。用"微课"这种微视频学习资源来进行学习的形式是必将长期存在下去的。①

3）大学应对移动互联网时代挑战的措施

随着生长于网络一代的数字"土著"步入大学校园，他们迥异于从前大学生的认知方式与学习习惯，对大学教学提出了新的挑战。美国 2013 年大学生移动电话的使用频率调查显示，被调查者平均每天使用手机近 5 小时，20% 的学生承认在课上会用手机做跟课程不相关的事，78.9% 的学生早上一睁眼就开始使用手机，85.1% 的学生临睡使用手机，在课堂上课时会使用手机进行与课程无关的活动的学生占到约 49.7%，在上厕所、等红灯甚至开车等碎片化时间里使用手机的学生分别占到57%、45.5%、20.3%。② 可见生长于微时代、碎片化时代的"土著"，他们大脑的注意力习惯于只集中 10 分钟左右时间（事实上我们也难以说清是碎片化信息的呈现影响了人认知注意力集中的时间，还是契合了人的认知时间）。数字"土著"们已完全依赖移动互联网生存，已经养成了超文本链接的浏览习惯，形成了注意力难以集中的认知习惯，很难按照一个逻辑推演过程，完整地看完一本书或上完一节课。在课堂上，今天的大学教师是在与手机世界争夺学生眼球，如何让学生把头从自己的手机、笔记本电脑和平板电脑上抬起来，是很多教师遭遇的难题。在以互动与个性化为特征的新一代信息技术环境下成长的大学生，他们喜欢与教师交流，重视学习交互、批判性思维，期望有便捷的 IT 支撑，在他们需要时就能够获得课程资源。

面对读、写、算方式已然完全不同的数字土著一代，面对一群已然习惯全新数字化语言的人群，学校与教师必须相应做出改变。高校不能够忽视生长于移动技术环境中一代大学生的学习需求、思维特征。教师需要将新技术整合到教学中。大学教学要从"教"向"学"转变，而信息技术则是推动从"教师主控"向"学生主控"转变、从重视"知识传递"向"交流沟通"转变的动力。

---

① 王竹立. 微课勿重走"课内整合"老路——对微课应用的再思考 [J]. 远程教育杂志. 2014，（09）：34-40.

② Data are based on a survey in February 2013 of more than 750 college students who volunteered to be part of an On Campus Research student panel. Frequency of Mobile – Phone Use by College Students During Selected Activities，2013. Source：National Association of College Stores.

4）信息化推动大学教学改革发展的必然

以信息技术促进大学学与教方式的变革和发展始终是全球高等教育发展的热点。从麻省理工学院（MIT：Massachusetts Institute of Technology）发起开放课件项目（OCW：Open CourseWare），[①] 及 OCW 项目发展而来的由世界各国200多个高等教育机构成立 OCW 联盟；[②] 到2012年，以 edX、Coursera、Udacity 为代表的在线教育组织发起"慕课"（Massive Online Open Courses：MOOCs），开放教育资源运动从"教育资源的开放"走向了"课程教学的开放"。我国北京大学、清华大学、上海交通大学、复旦大学等国内名校不仅纷纷加盟国外 MOOCs 组织，与此同时爱课程网、"学堂在线""好大学在线"、优课联盟等国内 MOOCs 平台及联盟也陆续创建。网络不仅让传统大学的优质教育资源惠及世界每个学习者，并且正在对大学在校生的学习方式、教学方式，乃至高校的教育教学形态产生革命性的影响。如清华大学校内网络教学平台，全面提供网上备课、课件制作、网络授课、网上交流、网上自学和网络考试等多种教学服务，每学年有3 000多门课程实现了"网上交互"，80%以上的授课老师通过网络和学生进行交流。[③]

在这样的时代，象牙塔古老传统的大段独角戏般的授课方式已经难以适应追求个性化、碎片化的泛在学习要求。就像美国专门从事大学空间规划的美国 Ricks 咨询公司董事长 Ricks 尖锐指出的那样："传统的站立授课方式不仅不再适合今天学生的学习方式，而且也不符合一般意义上人们的学习方式了。"我们的课堂教学、我们的教学方法手段必须改革。

2. 对于"微课"的基本理解和认识

将视频用于教学，在教育电视时代就早有研究。将微视频用于课堂教学，在实践中也早已有之。但将"微课"作为一个学术概念提出，并能引发全国热议，起源于2011年。"微课"概念最早是在2011年由广东省佛山教育局胡铁生提出，2013、2014年开始火热，国内研究者对"微课"下了种种定义，高校教师对微课也有自己的理解。总体来讲，国内对"微课"的理解可以归纳为三种观点：一是微课以视频记录教师对某一知识点的讲授；二是微课即短小精炼的视频学习资源；三是微课即微课程。

① MIT. MIT OCW［EB/OL］. http：//mitocw. aucegypt. edu/，2010 – 04 – 25.
② MIT. 开放式课程计划［EB/OL］. http：//www. myoops. org/cocw/，2010 – 04 – 25.
③ 蒋东兴. 大学的 IT 治理：清华大学的经验与展望［R］. 全球化时代大学交流与协作——构建东亚研究型大学间的数字通道研讨会报告，2008年12月.

1）记录教师对某一知识点讲授过程的微视频

以视频记录"教师对某一小知识点讲授的教学过程"，以之作为评判教师教学能力的依据，这是中国"微课"概念最早提出的缘由。胡铁生说：当时他作为市教育局负责教学资源评比的工作人员，发现老师们拍摄的课堂教学实录，在专家评审时根本无法——看完。很多专家只看了开头一小部分就不再继续看下去了，他觉得非常可惜。于是他产生了让老师围绕一个小知识点制作微视频来参加评比的设想。正是这一从实际出发的设想，导致了微课概念的诞生。① 第二届全国高校微课教学比赛名称及其对微课的定位显示：微课是"以视频为主要载体，记录教师围绕某个知识点或教学环节开展的简短，完整的教学活动"，其目的是促进高校教师专业发展和教学能力提升，成为高校教师教学经验交流和教学风采展示的平台。②

以视频技术帮助教师提升教学技能，其实就是"微格教学"。微格教学在20世纪60年代初产生于美国，是采用现代化摄录像设备对师范生和在职教师进行教学技能训练的方法。其训练过程不是完整一节课，而是集中训练某项教学技能，时间短，一般10分钟左右。③ 微格教学在我国发展已有三十多年，已成为师范生培养、新教师培养的主要方式，在基础教育领域应用广泛。

微课教学是微格教学在互联网时代的新发展。"微课教学"重点关注教师在较短时间内针对某一知识点所进行完整精细化的教学设计及教学阐释能力，而"微格教学"则关注教师课堂导入、课堂提问等教学过程中某一环节的"教学技能"，两者相比，"微课教学"对教师教学能力的要求更全面。对于没有受过教学设计培训、习惯在课堂上讲到哪里是哪里的大多数教师而言，微课的设计制作的确让很多教师的教学能力得到很大提高。

2）阐释某一知识点的微视频学习资源

微课就是以阐释某一知识点为目标，以短小精悍的在线视频为表现形式，以学习或教学应用为目的的在线教学视频。④ 桑新民将微课视频资源分为面向大众的科普型与面向特定教学对象的教学资源型两类。这类界定是从学习资源视角提出，强调以短小视频作为对某一知识的媒体呈现形式。视频内容可以是教师的讲授，也可以是操作演示。

---

① 王竹立. 微课勿重走"课内整合"老路——对微课应用的再思考［J］. 远程教育杂志. 2004（04）：34－40.

② 教育部全国高校教师网络培训中心. 关于举办第二届全国高校微课教学比赛的通知［EB/OL］. http：// weike. enetedu. com/bisai. htm，2014－03－18.

③ 姚国. 微格教学评介［J］. 山东教育科研. 1990（03）：80－81.

④ 焦建利. 微课及其应用与影响［J］. 中小学信息技术教育. 2013（04）

视频作为大学教学资源的一种形式，早已有之。"以短视频呈现教学知识点"出现于20世纪70年代，国外学者使用微讲座（Micro – lecture）一词，描述简短、围绕某个特定主题、条理清晰的录像讲座材料，时间长度一般为5~10分钟。① 当社会步入碎片化时代，将互联网视频技术与最早的"微讲座"相结合，出现了移动互联网时代的高校微视频教学资源。如美国宾夕法利亚大学的60秒系列讲座，2009年韦恩州立大学（Wayne State University）实施的"一分钟学者"（One Minute Scholar）等项目均由各自领域顶尖教授用一两分钟时间，在线向学习者解释世界上最神秘和最神奇的事情。

3）针对一个知识点以短视频为主的在线课程

仅以阐释知识点为主的微视频显然不足以支撑一个完整的教与学过程，尤其当其用户为学生时，课程才是一个相对独立且完整的学习对象。正如"微讲座"的提出者戴维·彭罗斯所言：单纯使用短小的教学视频，无法支撑整个学习过程，必须要有作业和讨论配合。② 微课，即"微课程"这一理解更能贴合将"微课"用于大学教学改革之目的，很多研究者都持此种观点。

教育部教育管理信息中心提出"微课"全称"微型视频课程"，它是以教学视频为主要呈现方式，围绕学科知识点、例题习题、疑难问题、实验操作等进行的教学过程及相关资源之有机结合体。2013年，胡铁生提出微课又名微课程，是以微型教学视频为主要载体，针对某个学科知识点（如重点、难点、疑点、考点等）或教学环节（如学习活动、主题、实验、任务等）而设计开发的一种情景化、支持多种学习方式的新型在线网络视频课程。③ 黎加厚提出"微课程"是指时间在10分钟以内，有明确的教学目标，内容短小，集中说明一个问题的小课程。

微课程（Mini – course）的概念也早已有之。1960年，美国阿依华大学附属学校首先提出，微课程是指针对某一主题设计与实施的短期课程或课程单元，是作为与美国出现的主题内涵丰富的大规模长期性"Maxi"（大型）学科课程相对应的概念而提出的。微课程很短，一般只有一两个课时，另一方面内容相对独立。美国早期"微课程"的载体很多是word文档和PPT。随着网络微视频的发展，视频成为"微课程"的新载体。④

---

① Yorkey R. A study skills course for foreign college students ［J］. TESOL Quarterly, 1970：143 – 153.

② 夏仲文. 利用微课程促进学科教学的应用研究与反思 ［J］. 中国信息技术教育, 2012 (11).

③ 胡铁生. http：//blog. sina. com. cn/s/blog_73b64be60101arwp. html. 2013 – 04 – 27

④ EMMANUEL BREUILLARD. MINI – COURSE ON APPROXIMATEGROUPS ［EB/OL］. http：//www. math. u – psud. fr/ ~ breuilla/BreuillardMSRIMiniCourse. pdf, 2012 – 02.

4）大学教师对在课堂教学中应用微课的理解

相对于研究者在三类界定中的纠结，高校教师对"微课"的理解显然并未如此泾渭分明，而是将三种理解统一于大学课堂教学之中。我们从三个定义这一角度出发，对首届微课大赛参赛教师访谈以及参赛教师反思日记中有关微课的理解做一解释（见表2-4）。

表2-4　高校教师对微课的理解

微课概念	教师的理解
微课即微教学	"微课"是以教学视频为主要呈现方式，在10~20分钟的时间内完整地呈现出教师针对某个典型知识点（重难点或疑点等）的讲授（魏×） 微课主要针对课堂教学或实践教学环节中的某一个知识点，集中说明问题，以视频为主要载体。（许×） 通过微课应能看出教师的教学理念、教学思路，并重点突出教学设计和教学方式。（何××） 微课程对于大学教师而言，是一种知识点的综合讲解方法，配合以声音讲解、教师本人形象、音乐、动画、实际操作、表演片段等形式。（李××） 微课是微缩的形式灵活多样的课堂。（彭×） 微课是在一个短小、有限的时间内对一个集中的主题通过视频的形式进行较全面或深入的阐述。（刘××）
微课即微视频教学资源	微课是一种新型学习资源，可在课堂上使用，可在课后使用。（许×） （微课）可单独出现在网络课堂，也可单独设置客户端让学生选修课程，可以应用到实际授课中以吸引学生注意力，帮助理解较难的知识点。（李××） 微课是指利用某些视频录制软件，针对某一特定的知识或者技能，在遵循教学设计原则的基础下开发的，可支持个性化学习、自主化学习、移动式学习等不同学习方式的教学视频资源。（王××）
微课即微课程	所谓微课，可理解为微型课，即在教学过程中围绕一个知识点或教学环节而开展的教与学活动全过程。（何×） 以教学视频为主要呈现方式的某教学活动环节中所运用和生成的各种教学资源的一个"有机结合体"。（魏×） "微课"全称是"微型视频课程"，它是以教学视频为主要授课方式，围绕具体的知识点进行的教学过程及相关资源的有机整合。（陈××）

从表2-4中可以看出，很多教师对"微课"的理解都包含这三个方面，一线教师对微课的理解从"教学实践需求"出发，将"微课"的教学特征、资源特征以及作为课程系统完整性的特征融为一体。

研究者对"微课"定义都有其合理之处，无所谓哪个更科学。对我国高校教学实践者而言，无须纠结定义，而应该从"微课"之于"中国大学教学质量提升"的价值去认识其内涵。记录教师讲授过程的"微讲座"是构成"微课程"体系的重要组成部分，但并非唯一内容。"视频技术"是微课程资源的主要媒体表现形式，但并非唯一媒体形式。"知识点"呈现的仅是"微课程"的重要部分，作业、讨论、测试等其他教学环节与数字资源的配合必不可少，而这也是提出"微课程"的原因所在。

5）课堂教学中应用微课的关键节点

"微、视频、课"这三个关键词恰当表明了其内涵，首先是聚焦于某一知识点的精细化教学设计与教学过程。"微"是"微课"区别于早期教育电视片、精品课程录像、视频公开课的主要特征。"微"意味着浓缩、精华，这正是信息时代人们对"信息"质量的要求。与"微课"相伴而生的是"在有限时间内对以视频传递教学信息的精细化教学设计"，相对于一堂45分钟的课程，微课对"设计"提出了更高的要求。在多个对"微课"的定义中都提到了"精心的信息化教学设计，保证在尽量简短的时间内，将知识点讲授得完整、清晰、易理解，要保证能吸引学习者，能引发学生积极深入思考"。在对首届参赛教师的调查中，76%的教师认为微课的教学设计非常重要，是微课制作过程中最重要的环节。[①]

从教学设计的角度来看，在教育理念上，要谨记课堂是以学生学习为中心，微课不是向别人展示你的课堂，而是让看微课的学习者感觉到你在给他上课；在"知识点"的选择上，主要选择学生学习的重点、难点、易错点；在教学模式的选择上，讲授式、探究式、研讨式等方式都可以采纳；在教学策略的选择上，案例教学、任务驱动、操作演示等多种策略灵活运用；在教学媒体的选择上，针对不同主题综合运用PPT、动画、视频等多种媒体形式。

"微"不意味着"零散、片段、碎片"，"完整性、系统性"是"微课"的重要特征，这主要体现在两个方面：一是教学过程、环节的完整性。在教学过程中需要有问题导入、知识讲授、总结概括等环节。在首届参赛作品中，30%的微课呈现为课堂录像的直接切片，教学重难点以及教学目标不清晰，教学内容不足以支持关键知识点的解决。[②] 二是材料的完整性。除了微课视频，还要有教学方案设计、课件以及微课视频中使用到的习题和总结等辅助性的扩展资料。

其次，"短小精悍的在线视频"是传递知识的主要媒体。微课，即微视频教学资源，是以"短小精悍的在线视频"为主要媒体手段呈现"某一知识点"的数字化教学资源，如可汗学院、TED等对教育领域产生重大影响的微视频资源。相对于文本、图像、音频，对于视频在教学内容展示上的优势，从20世纪30年代的电影教学发展

① 胡铁生，黄明燕，李民．我国微课发展的三个阶段及其启示 [J]．远程教育杂志．2013（4）．

② 陈智敏，吕巾娇，刘美凤．我国高校教师微课教学设计现状研究——对2013年"第十三届全国多媒体课件大赛"295个微课作品的分析 [J]．现代教育技术．2014（08）：20–27．

到现在，众人已有共识。随着数字视频技术的发展，视频已成为一种可以将多媒体课件、动画、图片、声音、虚拟现实等多种媒体形式封装为一体的"技术手段"。在微课开发中，我们对"视频技术"的应用显然不能停留在几十年前用视频记录"教师授课过程"的阶段，而应充分发挥"数字视频技术"的特性。在 2013 年的获奖作品、2015 年的参赛作品中，不少微课视频，都使用虚拟演播室、增强现实等技术，将多种媒体展现手段应用到教学中。①

此外，微课是面向学习者碎片化学习需求的系列学习资源。"微课"建设的最终目的是面向学习者，在全国高校微课教学大赛评价指标中，明确提出要注重学生全面发展，突出学生的主体性以及教与学活动的有机结合，有利于提升学生学习的积极主动性，促进学生思维能力的提高。

将"围绕某一知识点经过精细化教学设计的教师讲授过程"录制为短小视频，既是凸显将微课作为帮助教师反思和提升教学技能的方式，同时也是当下面向学习者的微视频资源的主要制作方式。"全国高校微课教学大赛"评审指标中有"40 分"考量"教学效果"，其目的也充分考虑到了所拍摄以教师讲授为主的"微教学视频"对学习者的价值。当然我们要认识到微课制作中，录制教师讲授过程，仅是其中一种方式而已。针对知识点的讨论、实践探索、实验操作、虚拟仿真演示等都是"微课"教学资源的来源，我们切不可将微课狭隘地理解为就是"以视频记录教师的讲授过程"。

将对微课的认识提升到"微课程"的层面，这是微视频资源应用到学生学习后的必然。仅呈现某一知识点的讲座微视频，显然无法构成一个完整的教学体系以满足学生的学习需求。提出"微课程"，就是强调其内容上要有相对的完整性与系统性，能自成体系；在教学环节上，除了知识的传递，还要有教案、作业、习题、操作等促进学生知识内化、迁移的关键环节。

3. 国内高校"微课"建设应用现状的调研

目前我国高校微课主要采取"以赛促建"的方式推进，此部分以相关大赛为主线，对我国高校微课建设的现状做一总结与分析。

1）微课设计制作培训与支持服务体系的形成

微课是一种新生的事物，绝大多数教师对其尚未有清晰明了的认识，对微课制

---

① 包春新. 影响角色个性化行走的因素 [EB/OL]. http：//weike. enetedu. com/play. asp? vodid = 166091&e = 3，2014 - 07 - 11.

作技术也掌握不够。对教师进行微课培训，提升设计制作水平，有利于推动高校微课的深入发展。自首届微课比赛之后，一些学术组织、省、市、高校开始面向高校教师提供微课培训，并在培训内容、培训方式上开始形成体系。

如教育部科技发展中心主办、《中国高校科技》杂志社承办，北京大学参与合作，从 2014 年年底开始，在广西、南京、贵阳、成都等地面向各高校开设的"微课与慕课设计与开发培训班"，结合具体案例，从"微课与慕课基本技术、设计、作品发布"等方面进行培训。①② 首届全国高校数学微课程教学设计竞赛天津分赛区微课竞赛培训报告会于 2015 年 3 月 15 日举行。③

一些省、市举行了相关培训。如浙江省 2014 年 5 月 17 日举办了浙江省第二届全国高校微课教学比赛培训会暨优质教学资源共建共享研讨会，2014 年 11 月举办"浙江省微课—慕课与高校教学改革"培训班，聘请了教育技术专家、学科专家开设现场微课设计与制作培训班。④ 浙江微课网上专门开辟了"学做微课"一栏，提供微课制作软件工具下载，让更多的教师了解微课、了解如何制作微课；其实在全国高校微课教学比赛开始之前，微课网就利用网络开展微课，如论坛交流的在线培训，并为教师提供全方位支持服务（见图 2 - 3）。

图 2 - 3 　浙江微课网的截图

① 中山大学生命科学学院 http：//lifescience. sysu. edu. cn/main/news/news. aspx？pId = 30&no = 3e4c519e － 57d6 － 4de0 － a151 － e16bbd491b4a，2015 － 03 － 10.

② 重庆师范大学教务处. http：//jwc. cqnu. edu. cn/Item/2076. aspx，2015 － 03 － 04.

③ 天津商业大学理学院. 全国高校数学微课程教学设计竞赛天津分赛区微课竞赛培训报告会在我校举行 ［EB/OL］. http：//www0. tjcu. edu. cn/news/Importantnews/2015 － 03 － 17/8021. html，2015 － 03 － 17.

④ 浙江省高等学校师资培训中心. 关于举办"浙江省微课 － 慕课与高校教学改革"培训班的通知 ［EB/OL］. http：//szpx. zjnu. edu. cn/s/123/t/230/e6/bb/info59067. htm，2014 － 11 － 17.

2）"全国高校微课教学比赛"参赛概况

由教育部全国高校教师网络培训中心（简称"网培中心"）举办的全国高校微课教学比赛已有两届，参赛概况主要有以下特点。

（1）覆盖学科面广，但获奖学科分布不均。

在首届高校微课教学比赛中，参赛作品覆盖32个学科大类，154个学科分类参赛。排名前十的学科大类分别为工学、文学、理学、文化教育大类、管理学、电子信息大类、艺术学、法学、财经大类。参赛作品数量排名前十的学科分类分别为计算机类、外国语文学类、教育类、语言文化类、电子信息类、中国语言文学类、设计学类、马克思主义理论类、临床医学类、化学类。第二届高校微课比赛分为高职高专比赛、本科比赛、医学类比赛、生命科学类比赛，其中本科比赛分文史、理工两类进行。

在首届高校微课教学比赛的154个参赛学科分类中，获奖百分比排名前五的学科大类分别为音乐与舞蹈学类、心理学类、临床医学类、中国语言文学类、教育学类。从学科大类来看，理学、管理学、电子信息大类、法学类、财经类得奖比例较小。

（2）参赛作品虽不少，但数量开始下降。

如表2-5所示，就高职高专的参赛作品而言，第二届比第一届增加了236件，增幅为5.9%。其中本科参赛作品是2015年4月6日的数据，由于文史类、理工类尚在初赛阶段，因此数量还会增加，医学类初赛截止日期为2015年11月，生命科学类初赛截止日期为2015年9月，尚未看到参赛作品的情况。但就目前而言，本科作品仅为3 636件，与第一届的7 459件相比，差距不少。整体而言，预计第二届参赛作品数量比首届会有所下降。

表2-5　首届与第二届参赛作品数

类别	首届大赛作品数	第二届大赛作品数
文史	7 459	1 643
理工		1 993
高职高专	3 955	4 191
总计	11 414	6 912

（3）各省参赛积极性差异较大。

从地域分布上看，首届微课比赛参赛的31个省份中，作品数量排名前十的赛区分别为山东、江西、黑龙江、河北、山西、江苏、北京、四川、安徽、河南（见图2-4）。

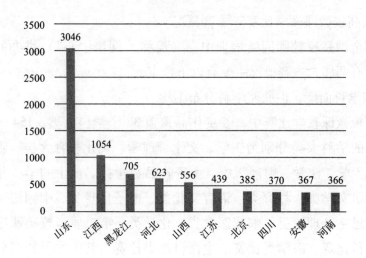

图2-4 第一届省级赛区参赛前十名

第二届微课比赛中，参赛作品数量目前排名前十的省级赛区分别为山东、陕西、河北、江苏、黑龙江、四川、辽宁、浙江、湖北、广东（见图2-5）。可以看出山东省的参赛积极性一直非常高，作品数量已经连续两届遥遥领先于其他省份。黑龙江、河北、江苏、四川连续两届的参赛积极性都不错，一直名列前十。而陕西、浙江、辽宁、湖北、广东在第二届中明显比首届表现得更加积极，目前位列第二届前十。不过，省间差异较大，一方面如山东省上传的微课参赛作品有数千件之多，而另一方面又如西藏在第二届全国高校微课教学比赛中没有作品上传，宁夏、海南等上传数量不到10件。

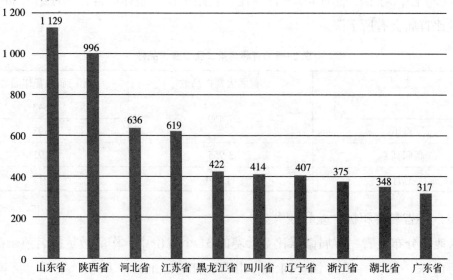

图2-5 第二届省级赛区参赛前十名（暂时）

（4）参赛学校数量剧减且差异较大。

两次比赛参赛学校都涵盖了985、211、一本、二本、三本、高职高专、民办高校、独立学院、开放大学等类型的学校。从参赛院校数量方面来看，由首届的1 600多所减少到第二届的857所，虽然不是最终数据，但预计参赛学校数要远低于首届。

首届大赛中，参赛人数排名前十的院校分别为山东交通学院、沧州医学高等专科学校、上海开放大学、山东大学、淄博职业学院、长春工程学院、曲阜师范大学、上海海洋大学、菏泽学院、威海职业学院（见图2-6）。第二届排名前十的院校分别为中国民航大学、黑龙江农业工程职业学院、沧州医学高等专科学校、天津现代职业技术学院、承德石油高等专科学校、新疆医科大学、淄博职业学院、常州工程职业技术学院、日照职业技术学院、杨凌职业技术学院。

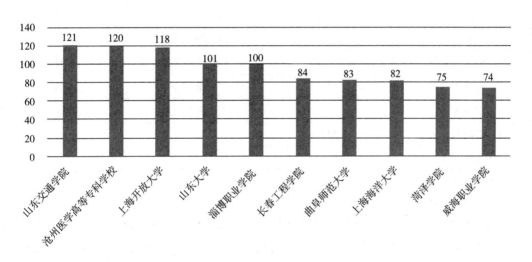

图2-6　首届微课比赛参赛作品数排名前十的院校

整体而言，非985、211、一本的高校对微课比赛的参与积极性明显远远低于三本、高职院校，985、211高校参与积极性远低于其他高校。除了第一届大赛中的山东大学是985、211高校，其余都不是。如表2-6所示，截至2015年4月5日，第二届大赛中，16家985高校、14家211高校提交了作品。本团队在2015年2月18日前，对39家985高校，75家211高校的教务处、教师发展中心、网络中心、现代教育技术中心的主页进行了调研，发现仅有4家大学在主页上发布了“第二届全国高校微课教学比赛通知”。

表 2－6　第二届全国高校微课教学比赛 211、985 院校参赛情况

985 院校	参赛作品数量	211 院校	参赛作品数量
厦门大学	12	北京化工大学	8
浙江大学	1	华北电力大学（北京）	7
山东大学	10	内蒙古大学	1
吉林大学	26	大连海事大学	11
四川大学	40	东北师范大学	6
兰州大学	7	东北农业大学	21
西北工业大学	7	东北林业大学	32
同济大学	6	中国矿业大学（徐州）	1
复旦大学	8	南昌大学	4
武汉大学	1	广西大学	21
大连理工大学	13	西南财经大学	28
中山大学	1	四川农业大学	18
东北大学	12	西北大学	11
中南大学	7	第四军医大学	1
西北农林科技大学	24		
华东师范大学	1		

（5）研究生学历的讲师、副教授为主体。

2014 年发布的《中国高校微课研究报告》中，对 68 件随机抽样参赛作品的分析发现，参赛作者中讲师的比例最高，达到 52.94%，其次是教授（20.00%）和副教授（17.65%），其中作者学历以硕士居多占 42%，博士和本科其次，分别占 34% 和24%。[①] 胡铁生在对首届全国高校微课教学比赛的参赛教师的调查中，收取了 527 份问卷，其中来自讲师和副教授的居多，二者总共占 86.53%。[②]

从上述数据可以看出，中青年教师是高校微课建设的主力，尤其是讲师群体。因为这个群体处于专业发展的关键期，同时他们相关的技术水平和对教育技术手段的接受程度等多种因素都能够让其成为高校教学技术应用的主体。

3）高校微课参赛作品分析

① 高校教师网络培训中心. 中国高校微课研究报告［R］. http：//weike. enetedu. com/report/index. html，2014 － 01 － 17.

② 胡铁生，周晓清. 高校微课建设的现状分析与发展对策研究［J］. 现代教育技术，2014（02）：5 － 13.

中国高校微课参赛作品存在哪些问题? 对此, 一些组织、研究者对其进行了分析研究。《中国高校微课研究报告》小组从教学设计、视频设计、视频录制与编辑四个维度对首届中国高校微课比赛中的 68 件抽样参赛作品进行了内容分析。陈智敏、吕巾娇、刘美凤对第十三届全国多媒体课件大赛中微课程组的 295 件作品(本科与高职高专参赛作品为 291 个)从教学设计、教学呈现两个维度进行了分析。① 这两项研究所评价的"微课作品"不存在重复, 下面综合这两项研究, 对我国高校微课参赛作品的现状做一分析。

(1) 微课选题不明不聚焦。

选题是微课创作的第一步, 其重要性不言而喻。在对首届高校微课比赛作品的分析中发现, 有些微课直接用课程名作为微课名, 如"马克思主义关于共产主义的理论""促进人与自然的和谐""体育舞蹈—恰恰", 这些主题包含很多内容, 而非具体某一知识点。同时一些作品在 15～20 分钟内谈及多个知识点, 未能做到聚焦于某一知识点的讲授。②

在陈敏等人的分析中发现, 有 30% 的微课呈现为课堂录像的直接切片, 教学的重难点和教学目标不够清晰, 教学内容不足以支持关键知识点的解决。甚至个别老师将自己 45 分钟课切分成四个视频提交为作品, 每个视频中的教学缺乏完整性。有个别作品选题竟包含了一个大单元, 例如"光的反射与折射"这一作品时长为 12 分 49 秒, 要求学习者掌握的知识点包括光的反射和折射定律、材料的反射和折射系数、如何减弱光的反射、反射系数的应用、影响光的反射系数和折射系数各自的因素、晶体的双折射产生的原因。如此多的知识点使得学习者很难在有限的时间内进行有效的学习。③

这说明教师在对微课的认识上存在不少偏差。很多教师只看到了微课是"短小视频"这一技术特征, 并未认识到微课是围绕某一知识点的教学过程这一教育特征。

(2) 对微课的功能定位错误。

微课是以满足学习者自主学习需求为主要目的, 教师的讲授过程服务于学习者学习这一目的。但部分老师看到"教学大赛"就将其误解为是为了展示"自己完美

---

① 陈智敏, 吕巾娇, 刘美凤. 我国高校教师微课教学设计现状研究——对 2013 年"第十三届全国多媒体课件大赛" 295 个微课作品的分析 [J]. 现代教育技术, 2014 (08): 20 - 27.

② 高校教师网络培训中心. 中国高校微课研究报告 [R]. http://weike. enetedu. com/report/index. html, 2014 - 01 - 17

③ 陈智敏, 吕巾娇, 刘美凤. 我国高校教师微课教学设计现状研究——对 2013 年"第十三届全国多媒体课件大赛" 295 个微课作品的分析 [J]. 现代教育技术, 2014 (08): 20 - 27.

的教学过程"。

在首届高校微课参赛作品中，一些作品出现了学生集体站起来向老师问好的环节，一些作品出现了将微课当作"说课"，展示并解说整堂面授课程的教学阶段的现象。[①] 在第十三届多媒体课件大赛的微课程作品中，部分作品并没有把重点放在教学内容能否帮助教学目标的实现上，而是只呈现了部分教学活动。如"图纸会审"这一作品只是展示了两个小组汇报、老师点评、小组互评这三个活动，教学明显不完整。[②]

（3）教学策略使用单一或不当。

在很短时间内，能否将一个知识点讲得深入浅出，明白易懂，能否调动学生学习的积极性和创造性，很大程度上取决于教学策略使用得是否正确，而这一点也是不少参赛作品的短板。首届微课参赛作品中，一些作品没有采取有效的教学策略来提升学生的学习兴趣，导致课堂学习氛围沉闷。就如评委王竹立所点评："缺少教学策略，平铺直叙、空洞讲授、缺少案例，整个微课没有高潮、没有起伏"。[③]

如"课堂导入"策略使用恰当就能让学生很快地产生学习兴趣。导入环节必不可少，但却不能占据太长时间，而且设置的要有意义。在首届微课比赛中，以问题引入课堂的作品占42%，以回顾总结引入内容的作品占24%，但也有27%的作品开门见山，其中24%的教师导入环节超过60秒。[④] 有部分作品的导入显得与知识点相关度不高，如有个作品讲授火灾自动报警系统的工作原理，却花了1分多钟展示火灾场面；有个作品主题为"学习英语的益处"，却以40多秒的作品简介作为导入。[⑤] 这样的导入策略显然难以达到为学生学习知识创设情境、激发兴趣的目的。

同样对知识点做总结也是最常用的教学策略。好的总结有利于学习者建立知识结构，对后继学习产生兴趣。但是，微课比赛中部分教师采用了"本节课到此结束，谢谢""好，下课""以上就是我们今天讲的内容"等话语直接结束，未能对本节微

---

① 高校教师网络培训中心. 中国高校微课研究报告［R］. http：//weike. enetedu. com/report/index. html，2014 - 01 - 17

② 陈智敏，吕巾娇，刘美凤. 我国高校教师微课教学设计现状研究——对2013年"第十三届全国多媒体课件大赛" 295个微课作品的分析［J］. 现代教育技术，2014（08）：20 - 27.

③ 高校教师网络培训中心. 中国高校微课研究报告［R］. http：//weike. enetedu. com/report/index. html，2014 - 01 - 17

④ 高校教师网络培训中心. 中国高校微课研究报告［R］. http：//weike. enetedu. com/report/index. html，2014 - 01 - 17

⑤ 陈智敏，吕巾娇，刘美凤. 我国高校教师微课教学设计现状研究——对2013年"第十三届全国多媒体课件大赛" 295个微课作品的分析［J］. 现代教育技术，2014（08）：20 - 27.

课的教学内容做出总结。[①] 在多媒体课件大赛的微课程作品中，参赛作品在总结方面的平均分仅为2.00分（总分为3.00分），其中高职本科的41个作品（14.1%）没有进行教学总结，102个作品（35.1%）虽进行了总结，但只是形式化提出了"学什么"，还缺乏知识点之间的联系或对今后学习的引导。[②]

（4）教学媒体使用单一或不当。

合理运用信息技术手段，正确选择使用各种教学媒体，有助于提升教学效果，也是信息技术与高校教学融合创新的基础。微课的提出就是希望发挥微视频这种媒体的教育价值。

然而在参赛的微课作品中，很多老师都只选择使用了PPT。首届微课比赛中，68%的微课内容未使用除PPT以外的其他多媒体，近一半的微课并没有添加字幕，甚至就连作为微课载体的视频，也存在视频清晰度不高，画面模糊难以让学习者保持注意力等问题。[③]

4）形成国家—省—校三级协同推进与评审机制

因高校微课的推动力量多元化，所以在推进机制上有所不同。由网培中心主办的"全国高校微课教学比赛"与中国高教学会主办的"中国外语微课比赛"都采用了校级初赛、省级复赛、国家决赛的三级组织和评审机制。由教育部高等学校大学数学课程教学指导委员会与全国高等学校教学研究中心联合主办的"首届（2015）全国高校数学微课程教学设计竞赛"也采用了"学校推荐—赛区初赛—全国决赛"的三级机制。由教育部教育管理信息中心主办的全国多媒体课件大赛采用了"学校或省市组织个人参赛—全国统一初审、复审、决赛"的机制。因为我国高校微课建设目前的主推力量是全国教师网络培训中心，所以采用"国家—省—校"三级协同推进机制。

（1）国家层面推进微课建设的概况。

当前我国主要是由全国高校教师网络培训中心、教育部教育管理信息中心、中国高等教育学会、全国高等学校教学研究中心、高等教育出版社，以及如数学、外语、生命科学、医学、外语等部分专业课程教学指导委员会在全国层面以比赛的方

---

① 高校教师网络培训中心. 中国高校微课研究报告［R］. http：//weike. enetedu. com/report/index. html, 2014 - 01 - 17

② 陈智敏，吕巾娇，刘美凤. 我国高校教师微课教学设计现状研究——对2013年"第十三届全国多媒体课件大赛"295个微课作品的分析［J］. 现代教育技术, 2014（08）：20 - 27.

③ 高校教师网络培训中心. 中国高校微课研究报告［R］. http：//weike. enetedu. com/report/index. html, 2014 - 01 - 17.

式积极推进全国高校微课教学的发展。

全国高校教师网培中心于2013年3月举办首届全国高校微课教学比赛，其中有效作品11 414件，入围全国决赛作品638件。最终评选出特别奖2名，一等奖17名，二等奖68名，三等奖105名，全国优秀奖446名，省级赛事组织单位优秀组织奖22个，校级优秀组织奖87个。第二届比赛于2014年3月启动，全国高职高专微课教学大赛已经结束，参赛作品3 703件，其中一等奖15名，二等奖30名，三等奖45名。① 本科类、生命科学类、医学类正在初赛、复赛阶段。

教育部教育管理信息中心于2013年5月在第十三届全国多媒体课件大赛上增设微课程组，② 其中本科与高职高专参赛作品为291个。③ 第十四届全国多媒体课件大赛也于2014年3月结束，仍单设微课程组。④ 教育部高等学校大学数学课程教学指导委员会、全国高等学校教学研究中心于2014年11月1日联合主办了"首届（2015）全国高校数学微课程教学设计竞赛"⑤，正在进行中。中国高等教育学会与高等教育出版社在2014年10月联合举办"第一届中国外语微课比赛"，其中分为本科英语组、本科日俄德法组、高职高专英语组、中职英语组。⑥

在微课比赛中，国家层面主要承担大赛发起、组织、决赛评审、政策指引、平台技术支撑等工作，具体依靠全国比赛网站平台来实现对各省市或参赛学校的统筹协调。如网培中心的全国高校微课教学比赛平台（http：//weike. enetedu. com），教育部管理信息中心的优课网平台（www. uken. cn），中国高等教育学会的中国外语微课比赛平台（http：//weike. cflo. com. cn/）。

（2）地方省市微课建设大赛的组织。

在全国高校微课教学比赛中，根据教育部全国高校教师网络培训中心发布的《省级赛事组织流程及相关事宜说明》，省级赛事组织工作主要包括省级赛事宣传、发动、组织和复赛作品评审工作。省级赛事主要是由各省教育厅、网络培训分中心或其他省级赛事组织单位，依据国家级主办单位的比赛方案制定本省的比赛规则、

---

① 高校教师网络培训中心. 关于"第二届全国高校（高职高专）微课教学比赛"评审结果的公示. ［EB/OL］. http：//weike. enetedu. com/news/html/2015 - 1 - 9/2015191720111. htm, 2015 - 01 - 09.

② 教育部教育管理信息中心关于举办第十三届全国多媒体课件大赛的通知 ［EB/OL］. http：//www. moe. edu. cn/publicfiles/business/htmlfiles/moe/moe_327/201303/148384. html, 2013 - 03 - 05.

③ 陈智敏, 吕巾娇, 刘美凤. 我国高校教师微课教学设计现状研究——对2013年"第十三届全国多媒体课件大赛"295个微课作品的分析 ［J］. 现代教育技术, 2014（08）：20 - 27.

④ 教育部教育管理信息中心关于举办第十四届全国多媒体课件大赛的通知 ［EB/OL］. http：//www. moe. edu. cn/publicfiles/business/htmlfiles/moe/moe_327/201403/165339. html, 2015 - 03 - 10.

⑤ 关于举办首届（2015）全国高校数学微课程教学设计竞赛通知 ［EB/OL］. http：//cmc. xjtu. edu. cn.

⑥ 中国外语微课比赛办公室. 第一届中国外语微课比赛章程. http：//weike. cflo. com. cn/bisai_fa. htm, 2014 - 10.

进程和奖励办法，积极组织宣传活动、制定激励措施，举办省市级微课教学比赛，依托全国比赛网站平台（http：//weike. enetedu. com）的"省赛专区"栏目为所在省市的学校和教师参赛提供帮助和支持。

在省级层面，应该说两届全国高校微课教学比赛得到多数省市的积极响应。绝大多数省市主要是在国家平台上"发布比赛通知、组织学校参赛、复赛作品评审"，却并未组织省级层面的比赛。不过也有如浙江省、江苏省、北京市、上海市等省市在自己的省市范围内举行全省微课比赛来推进微课建设。

如浙江省于 2014 年 10 月 8 日至 2014 年 11 月 14 日举办了第二届浙江省微课比赛，并建设了浙江省微课网（http：//wk. zjer. cn/wkds/index. htm）。江苏省于 2015年 3 月 5 日举办了"2015 年全省高校微课教学比赛"。一些省份还专门召开优质教学资源共建共享研讨会来作为微课比赛的启动宣传。例如，山东省高等学校师资培训中心就在 2014 年 5 月 17 日举办了一场"第二届全国高校（高职高专）微课教学比赛启动会暨优质教学资源共建共享研讨会"。

整体来看，有部分省份在这方面做得很不足，参赛作品远低于兄弟省市。在课题组随机对 10 个排名在后的省市赛事负责者的电话访谈中，有 6 位省市负责人表示不清楚微课比赛的运作流程，甚至不清楚自己省份的参赛情况，对什么是微课就更不了解了。

（3）学校内部对微课建设的支持。

全国高校微课教学比赛，如果缺少高校的支持，是不可能进行的。全国高校微课教学比赛主办方对高校举行微课比赛给予大力支持，在《关于举办首届全国高校微课教学比赛的通知》（教培函〔2012〕7 号）中指出，校级赛事可以根据具体情况灵活组织；在《关于举办第二届全国高校微课教学比赛的通知》（教培函〔2014〕19 号）中指出，院校可以组织初赛，推荐作品参加省级复赛。目前国内高校在微课比赛组织上形成了以下几种模式（见图 2 - 7）。①

"自行录制—限额评选"型。学校根据师资数量与学科分布情况给各院系机构分配名额，参赛教师自行录制参与院系推选。每个学科不超过 3 名教师参选，每位参赛教师的参赛作品数量仅限 1 件。学校组织专家审核，评选结果按排名顺序上报参与省赛，56% 的高校采用此组织方式。

"自行录制—评选—统一录制完善"型。在院系分配限定名额的基础上，参赛教

---

① 高校教师网络培训中心. 关于"第二届全国高校（高职高专）微课教学比赛"评审结果的公示. ［EB/OL］. http：//weike. enetedu. com/news/html/2015 - 1 - 9/2015191720111. htm，2015 - 01 - 09.

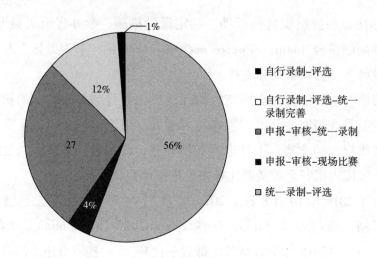

图 2 - 7　参与调查的院校赛事组织方式统计图

师自行录制微课视频参与院系推选。学校组织专家评选并确定推荐名单。专家对参加省赛的微课作品提出修改意见，由学校教育技术中心或网络技术中心提供支持，根据国赛技术规范重新录制微课视频，最终的评选结果按照排名顺序上报参与省赛。首届中，3.9% 的参赛学校组织推荐省赛作品的再完善，给予参赛教师技术上的支持。

"申报—审核—统一录制"型。院系推送报名（教学设计、教学课件），学校组织专家评审，确定推荐省赛名单。学校教育技术中心等机构统一安排微课录制工作，最终上报推荐作品。27.3% 的参赛高校选择这种赛事组织方式。

"申报—审核—现场比赛"型。院系推荐参赛教师，参与学校微课教学现场比赛，评委确定省赛推荐名单。学校组织统一录制微课，参赛作品进行上报。首届大赛，11.7% 的参赛高校选择此组织方式。

"统一录制—评选"型。参赛教师完成教学设计、多媒体课件及相关教学辅助资料，学校组织现代教育技术中心统一录制微课教学视频。学院组织专家对参赛教师的教学视频、多媒体课件、教学设计、教学效果打分，按排序推荐校赛。学校组织专家审核评选，最终确定推荐省赛的名单，首届仅有一所学校如此做。

学校推进微课建设情况差异大。从目前第二届参赛情况来看，如表 2 - 7 所示，高校参赛积极性差异非常大。截至 2015 年 4 月 6 日，注册的参赛单位共 857 家，参赛作品 10 件（包含 10 件）以下的单位为 626 家。

表2-7 第二届参赛高校作品分布

参赛作品数	参赛单位数/家	占比例（总数857）/%
小于等于10件	626	73
11~50件	221	25.8
51~100件	7	0.8
100件以上	3	0.4

部分学校举办校级微课比赛并制定系列支持政策。一些院校将微课比赛作为推动本校教师专业发展的契机，举办了校内微课比赛。如南京旅游职业学院制定本校微课工作实施方案，形成了"院系部推荐—学院评审遴选—重点培育完善参加省级国家级大赛"的推进机制。[①] 中国民航大学于2013年3月举办首届校内微课教学比赛，共有178名教师参加。[②] 南京艺术学院、浙江工业大学、浙江警官职业学院、江苏城市职业学院、安徽工商职业学院、柳州师范高等专科学校、潍坊医学院、浙江工业大学等高校在2013年就已开始举办校级微课教学比赛。西南大学、南京邮电大学等在2014年、2015年举行了校微课教学比赛。[③]

一些高校出台相应政策，以鼓励教师积极参与。如在对首届参赛学校的调查中发现，部分学校将比赛结果与教师个人教学业绩与学院业绩考核联系起来，对赛事获奖教师及其所在学院进行表彰。对获奖教师，视作获得省级教研项目进行奖励，在年度目标考核中对其予以适当加分，将比赛的获奖情况计入教师教学业绩和学院业绩，参与培训并递交作品者可获得相应的教师职业发展学分。[④] 如浙江师范大学资助一等奖微课建设经费为2 000元/项，二等奖微课建设经费为1 500元/项，三等奖微课建设经费为1 000元/项。[⑤] 浙江财经大学对代表学校录制微课作品参赛的10位教师，按照每件作品70当量计算教学工作量，并对在省级及国家级微课教学比赛中

① 教务处. 南京旅游职业学院"第二届全国高校微课教学比赛"工作实施方案. [EB/OL]. http://www.njith.net/news/cms/asp/10301.asp，2014-04-25

② 中国民航大学新闻网. 178名教师以"微课"晒功底 [EB/OL]. http://www.cauc.edu.cn/news/1326.html，2013-05-13

③ 教师教学发展中心. 关于开展南京邮电大学2015年微课教学比赛暨推荐参加"2015年全省高校微课教学比赛"的通知 [EB/OL]. http://jsfz.njupt.edu.cn/s/152/t/1107/1d/7b/info73083.htm，2015-03-10.

④ 高校教师网络培训中心. 关于"第二届全国高校（高职高专）微课教学比赛"评审结果的公示. [EB/OL]. http://weike.enetedu.com/news/html/2015-1-9/2015191720111.htm，2015-01-09.

⑤ 教务处. 浙江师范大学关于公布首届微课教学比赛获奖名单的通知 [EB/OL]. http://jwc.zjnu.edu.cn/Content.aspx?newsid=1029，2013-6-25.

获奖的教师分别给予170～360不等的教学工作量奖励。[①]

5）高校微课评价标准初步形成和完善

微课评价标准决定高校微课设计与制作的走向，其评审的公平、公正、公开性对教师参赛的积极性都有着重大的影响。发展至今，我国已初步形成相对一致的评价标准，以及分层次多元化的评价机制。目前因主办方不同，国内出现了三个高校微课作品评价标准。

（1）网培中心的微课评审标准不断改进。

网培中心首届大赛与第二届主要从"作品规范、教学安排、教学效果、网络评价"四个一级指标以及九个二级指标对参赛作品进行评价（见表2-8）。[②]

表2-8　全国首届微课教学比赛与全国第二届微课教学比赛评审标准比较

评审标准	首届	第二届
教学安排	选题价值（5分）	选题价值（10分）
	教学设计与组织（15分）	教学设计与组织（15分）
	教学方法与手段（15分）	教学方法与手段（15分）
作品规范	材料完整（5分）	材料完整（5分）
	技术规范（5分）	技术规范（5分）
教学效果	目标达成（10分）	目标达成（15分）
	教学特色（15分）	教学特色（15分）
	教师风采（10分）	教学规范（10分）
网络评价	专家评审、教师互评	受欢迎程度等综合评价（10分）
	学生点评、公众评论（20分）	

如表2-8所示，两届全国高校微课教学比赛评审标准的一级指标项未发生变化，网络评价权重降低；二级指标"教师风采"改为"教学规范"，选题价值和目标达成两项权重增加。可以看到第二届更加重视微课的选题，以及对微课教学目标的掌握，并注重微课的教学特色与创新，而非教师的表演。这些变化是在首届大赛结束后，组委会通过征求参赛教师及相关研究者的调研意见而对此进行的完善。

第二届本科、高职高专分开评审，但评审标准在指标项与权重上没有任何区别，

---

① 浙江财经大学. 关于推荐教师参加第二届全国高校微课教学比赛的通知 [EB/OL]. http://info. zufe. edu. cn/xx_nry. jsp? urltype = news. NewsContentUrl&wbtreeid = 1076&wbnewsid = 3374，2014 - 05 - 05.

② 第二届全国高校（本科）微课教学比赛评审规则. http://weike. enetedu. com/bisai_guize. html

仅是高职高专在对指标项更细致的文字描述上略有区别。其中在"教学规范"这一指标上，高职高专分为教师出镜类微课作品与教师不出镜类微课作品，对其教学规范做出不同规定，而本科则无此明确规定。这可能与高职高专的操作类作品、实训类作品较多有关。而网培中心与其他组织合作主办的生物科学类、医学类高校微课比赛并未提出新的评审规则。

（2）教育部管理信息中心的微课评审标准。

该标准主要从"作品规范、教学设计、教学实施、技术实现、教学效果、加分"六个维度十三个指标项进行评审（见表2-9）。

表2-9　教育部管理信息中心微课评审标准

一级指标	作品规范（10）	教学设计（30）		教学实施（25）	技术实现（30）	教学效果（5）	加分（5）
二级指标	材料完整（4）	选题（4）	教学目标（4）	教学呈现（15）	操作与传播展示（15）	应用推广（5）	学员网评（5）
	技术规范（6）	教学内容（7）		教学语言、节奏或教态（10）	教学视频制作（15）		
		学习者（5）					
		教学策略（10）					

（3）外语类高校微课评审标准。

外语类微课评审标准则是从"内容、技术规范、效果"三方面评审（见表2-10）。①

表2-10　外语类高校微课评审标准

一级指标	内容标准55分	技术规范30分	效果评价15分
二级指标	内容选题15分	材料规范25分	
	方案设计40分	技术应用5分	

从表2-11中可以看出，三个高校微课评审标准指标项基本一样，网培中心与管理信息中心除了权重外，其余区别不大。具体而言，三者区别如下（见表2-11）。

----

① 第一届中国外语微课比赛作品评审标准. http://weike.cflo.com.cn/bisai_guize.html, 2014-07-30.

表 2 - 11　高校微课评审三个标准的对比

标准制定组织	网培中心	教育部管理信息中心	高教学会
指标对应性	选题价值（10分）	选题（4分）	内容选题（15分）
	材料完整（5分）	材料完整（4分）	材料规范（25分）
	技术规范（5分）	技术规范（6分） 技术实现（30）	技术应用（5分）
	教学设计与组织（15分） 教学方法与手段（15分） 目标达成（15分） 教学特色（15分）	教学内容（7） 教学目标（4） 学习者（5） 教学策略（10） 教学呈现（15）	方案设计40分
	教学规范（10分）	教学语言、节奏或教态（10）	
	受欢迎程度等综合评价（10分）	学员网评（5）	效果评价15分

外语类微课更看重选题与材料完整性，而教育部管理信息中心对选题价值的重视度最低。相对于其他两方，教育部管理信息中心对技术规范、技术实现非常看重。网培中心对微课的教学设计与教学实施最看重，其他两个标准在这方面相差不大。外语类微课对教师的语言、形象规范性未做要求，其他两方要求基本一致。

这种差别，更多源于主办方的不同目的。教育部管理信息中心目的是提高学科教师的课件制作水平，探讨和交流现代教育技术在实际教学中的应用与推广，故而其标准对技术应用更加偏重。而网培中心、中国高教学会则更看重教师教学能力及信息技术与教学融合能力的提升，故而在指标中偏重教学和内容自身。

此外，分科分类的微课评审机制开始兴起。2013 年举办的全国高校微课教学比赛并未分科评审。进入 2014 年，高校网培中心在第二届大赛中，对生物科学类、医学类单独评审。其他组织单独举办数学类、外语类微课比赛。相关主办方在微课比赛中，都采用了分组评审，如将高职高专与本科分开评审。

以评促建、以评促用是我国开展高校微课大赛的目的。微课作品的评价机制对高校微课发展走向具有导向作用。参赛教师、一些研究者都呼吁大赛评价机制更加多元化，[1][2] 具体提出：第一，加快建立分门别类的评价体系。本科与高职高专区分，理、工、农、医、人文、社科、艺术等不同学科区分，以便让评价更科学、合理、

---

[1] 胡铁生，周晓清. 高校微课建设的现状分析与发展对策研究 [J]. 现代教育技术，2014 (02).
[2] 杨满福，桑新民. 对 MOOCs 浪潮中微课的深度思考——基于首届高校微课大赛的分析 [J]. 教育发展研究. 2013 第 23 期：1 - 5.

有针对性。第二，将学习者评价置于重要地位。首届微课大赛评价主体是专家与同行，但以用户评价作为产品排行榜已是当前社会主流方式，教育资源好不好应由用户体验而非专家决定。微课用户地位的虚化和评价作用的缺位有可能导致微课教学利用率的低下，微课大赛中将学习者的评价放在重要地位，有利于提高微课的教学应用。

4. 微课在我国高校教学应用的现状

教育资源建设的目标不在资源本身的形成，而在资源的利用及其推动教育实践转变的作用。教育资源形成后如果不能进入"应用—改进—再应用"的良性循环之中，而是陷入"制作—待用—搁置"乃至最后失去利用价值的陷阱中，无疑是投入的巨大浪费。① 虽然我国高校微课建设由微课教学比赛而起，但"微课"绝不仅仅是"教学比赛的方式"，目的绝非止于教师专业发展能力的提升上。微课建设的目标要超越资源存储、入库的观点，而要转向教学实践，让其开放、免费、无限制或较少限制地供教师和学生等使用。

1）基于微课的教学应用模式与实践

微课的教学应用已开始引起研究者关注，不少教师也在此方面进行了探索。总体来讲，微课的教学应用主要包括两个方面：一是微课在教学中怎么用；二是基于微课的教学模式是什么样的？华东师范大学祝智庭教授团队从"教学应用目标、教学应用阶段、教学组织形式、应用类型示例"四个维度对微课的教学应用做了较为全面的总结，② 对我国高校的微课教学应用有所启示。如图2-8所示：

（1）微课的教学应用目标。

微课在不同教学阶段的应用，应该是课前以学习新知为主，课中以解决问题为主，而课后则以巩固拓展为主。

A. 学习新知。教师就某个知识点进行有针对性的讲解，或者在学习新内容前通过微课帮助学生进行预习导学，前者为学生掌握新的知识点提供个性化教学支持，后者在学生预习新的教学内容时更好地引发思考和产生问题；

B. 难点处理。教师根据教学经验，针对学生会重复出现的典型错误和问题，以及某些有一定难度的前导知识点，或需教师重复示范或演示的过程性内容创新问题情境；

---

① 杨满福，桑新民. 对MOOCs浪潮中微课的深度思考——基于首届高校微课大赛的分析 [J]. 教育发展研究，2013，12：1-5.

② 苏小兵，管珏琪，钱冬明，祝智庭. 微课概念辨析及其教学应用研究 [J]. 中国电化教育，2014 (07).

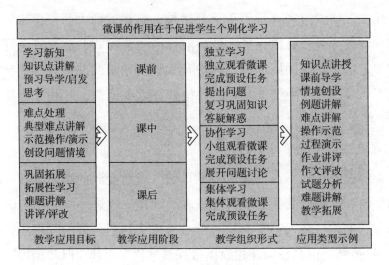

图 2 - 8　微课教学应用

C. 巩固拓展。学生学习程度是有差异的，对于一些程度较好的学生可以提供以拓展为目的的微课；而对于程度稍差的学生则通过对难题的分析讲解，作业或试卷部分题目的分析讲评，从而帮助其及时解决学习困难。

（2）微课应用的教学组织形式。

A. 独立学习。学生根据自己学习需要，自定步调，一次或多次地独立学习微课，然后完成教师预设的任务、引发问题或解决遇到的疑惑，课前、课中和课后均普遍采用。

B. 协作学习。用于课堂教学中的小组合作学习，为小组讨论、探究创设问题情境。

C. 集体学习。受课堂教学环境的限制，教师很难在课堂上完成的教学内容，或者需要在课堂上重复演示、讲解的内容，微课可以替代教师的现场讲授或演示。

2）导入微课的翻转课堂实践探索

翻转课堂是微课在高校教学应用中采用最多的一种教学模式。如卢海燕在英语课堂、范海燕在思政课堂、刘锐在动画制作课堂、靳琰在英国文学史课堂上都进行了基于微课的翻转课堂教学改革。首届微课大赛东南大学的参赛教师陈良斌也提到：微课教学的一大亮点就是将课堂教学的一部分内容以微视频的形式转移到了网络上，供学生在课后自主观看学习。当大量的优质微课资源在网络平台上得到系统开放之后，学生在课下就可以完成课堂知识的学习，这就为翻转课堂奠定了基础。

基于微课的翻转课堂模式，强调知识的获得要经历知识传递到知识内化的过程，翻转课堂与传统课堂不同的是知识传递过程在课外，知识内化在课堂内。学生课外接受知识，课内与教师一起解决疑难问题，进行知识内化。在"翻转学堂"这种教学模式中，通过微课将知识点清晰明了地呈现给学习者，学习者根据自身情况自定步调展开自学，微课是课外自学的核心，起到知识传递作用。相对于文本，微课所承载的知识传递功能有效提升了课前学生自学的效率，为课堂上的深度学习奠定了更好的基础，达到了翻转课堂提升学习质量的目的。微课质量决定了课堂前知识传递的效果，影响课内教学活动设计，乃至翻转课堂教学效果。因为只有在有效完成微课程学习的前提下，翻转课堂的教学才能顺利实施并发挥积极作用。①

如宁波城市职业技术学院刘锐老师在《动画设计与制作》课中提到，在微课设计与制作阶段：选择"按钮制作"教学单元中的"按钮元件的创建方法""按钮四个帧的作用"为知识点，录制13分钟的微视频。课前微课学习阶段：布置"三个常见按钮"（由易到难）过关任务，要求学生在规定时间内看微课学习，完成任务，教师在线答疑支持。教师批改并总结学生过关任务的完成情况，在线分析、答疑和讨论，发现学生存在的问题。课堂内化阶段：教师针对课前学习中，学生所普遍反映的按钮中"点击"帧的功能进行了深入讨论，并以"认识电脑"作为典型任务，要求学生通过自主探究的形式完成任务的制作。课堂后巩固阶段：教师选取优秀的"认识电脑"作品在网络平台上进行展示，并布置"六位一体教学"拓展任务，上传任务所需素材供学生自主拓展学习。②

西北师范大学靳琰老师在"英国文学史"课程上，将教学内容分为：英国文学史概览、诗歌、散文、戏剧、现实主义小说、现代主义小说、后现代主义小说、总结，将每个模块中的重难点开发为微课，并提供纵深阅读、练习与实践、课程课件等相关资源，以在线互动平台为支撑。课前学生通过微课、课件、练习题等进行学习。课上教师通过思维导图工具，通过提问、讨论、头脑风暴等方式引导学生深入了解文学要点间关系。课后以竞赛、辩论等第二课堂形式进一步拓展和深化学习。③

微课在翻转课堂模式中找到了自己准确的定位。郭绍青提出："翻转课堂教学的开展成为微课程发展的胚体，微课程只有根植于翻转课堂教学模式中才能真正发挥微课程的力量，许多零散的微课程才能成为一个体系，因此，基于翻转课堂教学模式的微课程将具有系统化、专题化、可持续修订、可分解等特性，同时翻转课堂也

---

① 郭绍青，杨滨. 高校微课"趋同进化"教学设计促进翻转课堂教学策略研究 ［J］. 中国电化教育. 2014 （04）
② 刘锐，王海燕. 基于微课的"翻转课堂"教学模式设计和实践 ［J］. 现代教育技术. 2014 （05）：26-32.
③ 靳琰，胡加圣，曹进. 慕课时代外语教学中的微课资源建设与翻转课堂实践 ［J］. 现代教育技术. 2015 （03）：84-88.

是微课程的评价实体。"①

3) 与 MOOCs 相辅相成的微课教学应用

微课与 MOOCs 几乎都是在 2012 年开始火热。微课是通过视频对某一知识点教学过程进行呈现，这一点与基础教育领域中基于知识点的教学方式十分契合。而 MOOCs 是以一门课程为主体，提供免费、开放的课程。它由世界著名大学发起，现已成为各国著名大学展示教学的国际舞台，并与中国高校的名校情结和以课程为单位的教学方式相符合。所以就出现了微课在基础教育领域率先火热，而后蔓延到高等教育领域；而 MOOCs 却是先在高等教育领域火热，之后蔓延到基础教育领域。

MOOCs 最早的形态是网络课程或在线课程，仅提供整堂课的教学录像作为学习内容，不对外免费开放。然而，正是由可汗学院微视频教学所掀起的微课，才让 MOOCs 从其在线学习的特点出发，对视频资源进行了重构，以短视频和相应全媒体资源服务为特色，开拓和引领了网络学习评价的新潮流。这使得 MOOCs 的易学性和吸引力大大提高。② 目前几乎所有 MOOCs 都采用 8～15 分钟的教学视频进行知识传递，同时视频中还会有几次停顿来达到与用户交互的目的，以优化学生的学习效果。

MOOCs 实际上是一种基于微课的新型网络课程、网络教学组织形式。③ 系列化的微课构成了 MOOCs 视频学习资源，MOOCs 不仅提供资源，更提供了完整的在线教与学活动及支撑。MOOCs 从某种程度上解决了国内学者提出微课教学应用最大的两个问题：一是微课碎片化、不成体系，怎样变得课程化、专题化、系列化；二是怎样为微课建设、管理、应用和研究提供一站式服务环境，搭建学习平台。④

当下不少高校也认识到了"微课"与"MOOCs"二者的亲密关系，要将其结合起来共同推进。如南京邮电大学要求所有获批校级 MOOCs 的教师都参加微课大赛。教育部中国高校杂志社面向高校教师组织的"微课与慕课设计与开发"培训，也将二者结合在了一起。⑤ 首届参赛教师潍坊医学院的黄文静也提到：要与高校教学相匹配，应循着混合式教学思路来完善微课，这与时下风靡全球的"慕课"（MOOCs）如出一辙。

微课是传统课堂的有益补充，这是微课大赛中，不少老师产生的认识，将视频

---

① 郭绍青，杨滨. 高校微课"趋同进化"教学设计促进翻转课堂教学策略研究 [J]. 中国电化教育. 2014 (04).

② 杨满福，桑新民. 对 Moocs 浪潮中微课的深度思考——基于首届高校微课大赛的分析 [J]. 教育发展研究，2013，12：1-5.

③ 赵国栋. 微课与慕课设计初级教程 [M]. 北京：北京大学出版社，2014：25.

④ 胡铁生，周晓清. 高校微课建设的现状分析与发展对策研究 [J]. 现代教育技术，2014 (02)

⑤ 中国高校杂志社. "微课与慕课"设计与开发培训班通知 [EB/OL]. http://jjxy.ahu.edu.cn/html/show_article/5368，2014-12-05.

作为传统课堂的辅助，这种模式无论在教育电视年代，还是多媒体课件时代，都早已有之。在课堂上用一段视频创设情境、导入问题、阐释难点，对不少教师而言这已是常态。微课只是"视频内容"有所不同，将微课应用在课前预习、案例展示、课上展示、课后复习等环节是当前微课辅助传统课堂的主要方式。

微课系列化、微课学习平台、优质微课资源共享是教师反映的微课应用于教学中最需解决的三个问题。① 不少研究者也纷纷献计献策。丰富多样的满足需求的高质量学习资源、良好的学习支持服务体系以及及时有效的反馈评价，依然是促进学习有效发生的三大主要外部因素。针对微课程，尤其是用于移动学习的移动微课程，有人提出进行"认证服务"的建议。② 但事实上，中国高校 MOOCs 在发展过程中，已经形成多个 MOOCs 联盟，这三个问题都有解决方式。中国高校微课的发展，不能孤立于全国高等教育信息化发展的大环境，更不能陷在微课自身中去寻找解决方法，而要将微课与 MOOCs 结合，二者协同推进方是可行之道。

5. "微课"应用实践的师生体验及成效

以师生的需求与教学应用实践为引领才是中国高校微课发展的基础。局部调查表明我国高校部分学生、教师对微课进入课堂教学有着比较强烈的意愿。

1）学生对微课认可度高并有学习意愿

在微课的教学应用中，学生是关键。那么学生到底是否愿意使用微课学习？对此，一些研究者在一个学校或一门课程中进行了调查研究。华中师范大学在"CAI课件设计"课程教学中应用微课。在对 40 名大学生的课前调查中，56% 的学生表示非常期待，31% 的学生表示比较期待。经过微课学习后，在微课的知识点分割合理、内容规范准确、与知识点相关这三方面，表示比较同意与完全同意的学生达到 80%，有 18.4% 的学生非常喜欢，57.9% 的学生比较喜欢这种方式的学习。其中 31.6% 的学生观看了一次微课，47.4% 的学生观看了两次，21.1% 的学生观看了三次。③

扬州大学采用四级量表，让全校 300 名大学生对文科、理工科、艺术类三大类微课的质量进行评价。其中教学目标规范性、教学组织科学性、辅助教学资源使用这三方面的评价得分都在 3 分以上，而题目科学性、选题独立完整性、内容目标一致性、现代化教学手段这四方面的评价得分都基本在 2.7 分以上。在微课是否激发你的学习兴趣上，57.9% 的学生选择符合，21.1% 的学生选择完全符合；在帮助理

① 胡铁生. 微课建设的误区与发展建议 [J]. 教育信息技术，2014（05）：33－34，70
② 陈敏，余胜泉. "微课"设计 [J]. 中国教育网络，2013（06）：37－38.
③ 吕琴. 微课教学资源的设计与应用研究——以"CAI课件设计"实验课为例 [D]. 华中师范大学. 2014－04.

解和深化知识上，63.2%的学生选择符合，15.8%的学生选择非常符合；在提高自主学习能力上，52.6%的学生选择符合，10.5%的学生选择非常符合；在保持学习过程注意力上，47.4%的学生选择符合，21.1%的学生选择非常符合。①

宁波城市职业技术学院在"Flash 动画制作"中使用基于微课的教学。其中有近一半的同学花费的时间在30分钟左右，而前15%的同学与后17.5%的同学花费的时间相差达20分钟，学生在完成任务所花费的时间上有明显的差异。20%的同学认为该模式的学习效果很好，52.5%的同学认为学习效果较好。75%的同学喜欢继续使用该模式开展教学。

虽然这些学生样本难以代表全国大学生群体，但从中我们可以看到：大学生已经形成的通过微视频获取信息的行为习惯，使其对用微课这一方式进行学习产生了强烈意愿。大学生认为，微课对其学习效果、学习能力提高等方面有所帮助，他们对于将微课用于教学这一方式有着较高的认可度。将微课用于教学，可以提高学生对学习进度的可控性，对分层教学、个性化学习也有着正向作用。

2）教师有应用意愿并开始探索

教师是微课教学应用的主体和关键，目前一些高校教师已经认识到了微课教学应用的价值，并开始在实践中进行教学应用的探索。一线教师对微课的认识主要有："信息技术正在给高等教育带来革命性的影响，这是信息时代的必然。而移动技术所带来的信息碎片化时代也不会是昙花一现，满足大学生在碎片化时间的学习需求仍将是中国高校必须面对和解决的问题。这决定了'微课'这种形式不会消亡"。"信息与通信技术的快速发展，使得微课具有十分广阔的教育应用前景。特别是随着手持移动设备和无线网络的普及，基于微课的移动学习、远程学习、在线学习、泛在学习将会越来越普及，微课必将成为一种广受欢迎的新型教学资源"。

"相对传统的课堂教学活动安排，微课的制作是在教师的精心准备下，教学设计和教学内容也都是经过教师的仔细斟酌……在保证知识点正确的前提下，不失趣味性和娱乐性，让学习者在一种轻松愉悦的氛围中完成整个学习过程，学习效果更好。"②"我认为微课相比于传统的课堂教学而言，具有知识高度集中、内容丰富、形式多样、实用性强的优点，再加上微课时间较短，所以学生接受起来比较容易。"

"微课一是立足于'注意力10分钟法则'，缩短了课程的长度，让知识点更明确，不拖沓不含混，更易于学生理解和接受；二是施展了'因材施教'原则，突破

① 王来印. 高校微课教学有效性调查研究——以扬州大学为例 [D]. 扬州大学. 2014－04.
② 吴婵. 关于微课对优化高校教学效果的思考 [J]. 科教导刊（中旬刊），2013，10：17－18.

了一刀切的学习评价与考核方式，让学习者自由掌控学习节奏，成为学习的主人"。[①]
"学生可以根据自己的需要，有选择性地打开相关网站或视频，不需要像传统的整堂
课一样。……这种学习方式的出现，使学生更能够针对自己学习中的问题，在提供
的视频网站中找到自己所需要的内容自主地、有选择性地学习，而不必硬着头皮被
动地听课。即便我们由于某种原因耽误了上课，也不必担心，因为可以通过点播微
课加以弥补。"

同时课题组在 CNKI 中以"微课 + 教学 + 高校，微课 + 教学 + 高职，微课 + 教
学 + 大学"进行篇名搜索，发现进入 2014 年后，有关微课在高校、高职教学应用的
文章呈现突发式增长（见表 2 - 12）。

表 2 - 12　本科与高职高专微课教学应用研究文献数

篇名检索关键词	2013 年	2014 年	2015 年
微课 + 教学 + 高校	3	30	6
微课 + 教学 + 大学	1	20	12
微课 + 教学 + 高职	3	59	25
具体课程教学实践	26 篇（人工筛选）		

这些论文不仅有教育研究者对微课应用于本科高校与高职高专教学模式、策略
的研究，更有不少一线教师结合具体课程的探索。经人工选择，如滨州学院的闫芃
老师、甘肃钢铁职业技术学院的吴珍老师、上海海洋大学的陈蕴霞老师、南阳理工
学院的宋金璠老师等结合具体学科，在"计算机基础""高校文献检索""大学英
语""大学物理实验""药学""集成门电路的测试与判别""定向运动"等课程中进
行了微课教学应用的实践探索。

3）教师在应用实践中对微课的理解在深化

微课是在变革传统教学模式的呼声中闪耀登场并开始走红。微课能否承载教学
的所有职能，是否能改变传统教学，教师对这些问题的认识与讨论是微课教学应用
不可回避的话题。经历了从精品课程到视频公开课实践的教师，有关认识和理解明
显在深化：

"微课仅仅是教学方法的一个创新，但不能完全取代传统意义的课堂教学活
动。……教学过程是一个生成性过程，课堂教学是教师与学生有机互动的过程，有
效课堂是教师和学生共同创造的。缺乏现场气氛的教学视频，容易使学生产生孤独

---

① 郑文文. 微课的应用价值 [J]. 课程教育研究，2015，01：249.

感而影响学习效果。微课以短为特色，它却在广度、深度和复杂度方面存在不足，同时因为它是提前录好的，也不能支持动态临时性的问题。因此，微课应该是在配合其他众多教学手段，共同完成教学活动，而不能盲目地要求所有课堂全部采用此法。"

"微课可以作为课堂教学的有益补充。""老师可以把不适合专门在课堂上进行解释的片段或答疑的问题，通过微课视频录制的方式，上传到公开的网络上，供学生进行搜索解疑或进一步了解。""微课不能替代常规授课，因为它只是对一个知识点的讲解，体现了教学中的点，而常规授课，更注重知识的连贯性和整体性，体现教学中的面。所以，微课应该是常规授课的有力补充。"

"本次参赛微课只是实际课堂教学的一个环节和过程，应合理处理好微课与大课之间的关系，使二者有机结合，发挥好'课中课'作用。在'大课中展现微课'，在'微课中体现大课'。微课讲解突出大课重点，突破大课的难点内容，起到承上启下的作用。"

从上述几位教师的观点中，我们可以看到不少大学教师对微课与传统教学的关系都有着自己的认识：第一，微课不等于教学。虽然微课是对某一知识点教学过程的视频记录，但只是课堂教学中的一部分。学生的学习并非是一个个孤立知识点的学习，而是一个知识体系建构、内化、迁移的过程。这显然需要更富有灵性的师生实时互动与更加体系化的知识呈现，而这是微课所难以承载的。

第二，微课的使用不等于改革传统模式。可以看到不少老师认为微课应该成为传统课堂教学的补充。事实上，微课就是将常被人批判的"传统教学模式的典型方式——讲授过程"以视频记录。视频中所呈现的教学过程、教学环节、教学策略，与传统教学并无太多区别。如果我们只是在知识传递的环节中，把听教师讲变成看微课学，这显然不可能改变传统教学。

第三，微课能否改革传统教学，并非是一个简单的是与否的问题。教师、学生、内容、媒体构成了一个完整的教学系统。一个"静寂的微课资源"不可能替代四者间复杂多变又充满活力的关系。微课在教学中的使用不是孤立的，而取决于引入微课后应怎样构建一个更合理的教学系统。

4）对促进"教师专业发展"初见成效

高校微课比赛自 2013 年举办以来，是否大面积改变了课堂教学尚有待检验，但微课对促进教师专业发展已初见成效。因为要在有限的时间内选取小的切入点，把知识点讲透、讲清，从而符合学习者的学习需求，对教师教学能力就提出很高要求。

正如滨州学院闫芃老师所言："微课对教师的素质也提出了更高的要求，更有利于教师的专业发展。"

要提升教师的教学能力，必须让高校教师意识到教学设计的重要性。让高校教师意识到教学设计对其教学的重要性，是此次大赛的重要成效。在对首届参赛教师的调查中，84.63%的教师认为微课教学设计是微课制作中最重要的环节。[①]

同时，微课提高教师的课堂教学表达能力同样富有成效。微课要微言大义、精粹干练，突出重点，所以教学表达要言简意赅，逻辑性强。如潍坊学院的张子林老师谈道："平时教学过程中课堂用语太随意，口头语太多，话语重复，甚至有些方言不自觉地涌了出来。"此次为参加比赛，张老师的教学视频录了三次，反复对语言进行锤炼，力图使其语言变得更加精粹、干练、规范，不说一句多余的话。[②]

此外，微课给教师的教研形式带来的重要变化，是丰富了教师的高校教学研究方式。正如运城师范高等专科学校的李朝东老师所言："微课的出现，让真正的教研不再受形式的制约，变得简单而务实。"[③]通过微课平台，你可以看到如钟南山院士、孙正聿教授这些教育大家的风采，学习同行的教学经验。皖西学院的莫军梅老师说道："通过这个平台我见识了更多有才华的同仁，每天晚上，我犹如钻进了阿里巴巴的宝藏，点击各位老师的视频认真学习、思考，受益匪浅。"[④]优秀的微课作品对于教师而言是宝贵的学习资源，是促进教师专业化发展的有效方式。

与此同时，教师将自己的微课上传，可以让专家、同行、学生观看点评，帮助教师认清自己教学上的不足。全国高校微课教学比赛网站（http：//weike. enetedu. com/）"作品展示"中每个微课的播放量都在1 000次以上，有些甚至上万次。在"交流评价"模块中，对一个微课的评价最多达到3 992次，[⑤]这在传统教研方式下显然是难以想象的，可见微课正逐渐成为普通教师展现自我风采的一个舞台。同时，"微课"这一载体避免了传统的观摩录像课例耗时过多的问题，丰富了教研的形式和内容，让高校的教研变得更加高效。

促进高校教师专业发展是首届全国高校微课教学比赛最主要的目的，这也是教

---

① 胡铁生，周晓清. 高校微课建设的现状分析与发展对策研究 [J]. 现代教育技术，2014（02）：5 - 13.

② 高校教师网络培训中心. 中国高校微课研究报告 [R]. http：//weike. enetedu. com/report/index. html，2014 - 01 - 17.

③ 高校教师网络培训中心. 中国高校微课研究报告 [R]. http：//weike. enetedu. com/report/index. html，2014 - 01 - 17.

④ 高校教师网络培训中心. 中国高校微课研究报告 [R]. http：//weike. enetedu. com/report/index. html，2014 - 01 - 17

⑤ 高校微课教学比赛平台. 交流评价 [EB/OL]. http：//weike. enetedu. com/bbs. asp，2015 - 04 - 06.

育部全国高校教师网络培训中心的责任和使命。在这一点上，无论是整体的调研数据，还是教师的感受都证明了这一点。与中小学教师相比，高校教师在课堂组织、教学设计、教学策略、师生互动、教学仪态等方面都没有受过专业训练，与中小学教师相比存在差距。所以从促进教师教学能力提升上讲，微课大赛有其价值。在访谈中发现，一些高校教务处或教学发展中心积极推进"微课"的主要目的也是以此作为促进教师专业发展的契机。

微课的设计与制作是对教师教学设计能力、教学能力、信息技术技能的综合考察。随着视音频技术日益人性化，视频拍摄、制作、编辑、合成、发布等技术对教师而言不再是高深技术。加之教师早已熟悉课件制作、教案和试题制作技术，教师自身成为微课设计制作主体而非依赖于专职电教人员是可行的，将微课的设计与制作能力作为高校教师教育技术能力之一并进行培训完全可行。不少研究者都提出，在对高校教师的微课培训中，用微课对教师进行微课培训，将高校教师的碎片化时间充分利用起来，是高校教师专业发展的一条可行之道。

6. 微课在高校教学应用实践的困难问题

微课在高校的教学应用刚开始不久，在此过程中遇到了不少难题与困境。微课促进高校教师专业发展，其效果是比较明显的，在对首届微课大赛教师的调查中，86.34%的教师认为可以促进教师专业发展。[①] 但微课促进了教师教学能力的提升并不意味着教师愿意将微课应用到自己教学中，碎片化与高成本让教师缺乏持续动力。

1）对大学生自主学习能力要求较高

面向学习者是微课教学应用的根本，基于微课的学习很大程度上依赖于学生较高的自主学习能力和自我监控能力。而微课在高校中的应用，显然要改变学生们的学习观念，尤其是被动接受灌输、应付考试的学习心态、习惯，逐步转化为"自主学习、团队学习、研究性学习"等新的学习模式和相应的创造性学习。[②] 但我们不可回避的是在当前中国大学生中，普遍存在着学习动力不足、学习困难甚至厌学等问题。

2013 年中国青年报报道：2012 年有 46% 的新生遇到学习问题，其中问题没有得到缓解的占 41%。2013 年入学学生遇到学习问题的新生预期有 315 万，没有得到缓

---

① 胡铁生，周晓清. 高校微课建设的现状分析与发展对策研究 [J]. 现代教育技术，2014（02）.
② 桑新民等. 媒体与学习的双重变奏——教育技术学的生成发展与国际比较研究 [M]. 南京：南京大学出版社，2014：229.

解的有 130 万。其中 74 万新生"缺乏学习动力", 40 万"缺乏学习方法",[①] 在一些教师的教学应用中,也发现部分高职学生自律性较差,对于部分课程的兴趣不够浓厚,在"他律"条件较为松散的情况下,微课容易"流于形式"。[②]

虽然一些教师的教学实践中,将微课用于某门课程、某个知识点学习,对提升学生学习兴趣、提高学习效果有正向作用,但长期效果如何还尚未有结论。然而,大学生的学术兴趣及学习能力下降,这已是全国高校普遍面临的问题,这也是微课教学应用的最大难题。

2)微课的碎片化难以满足教师对教学系统性的要求

满足碎片化学习需求是微课诞生的主要原因,但碎片化学习是学习时间的碎片化,而不应是知识的碎片化。知识的系统性、结构性是大学课程教学中的基本要求。63.19% 的微课参赛教师认为目前大赛中存在的最大问题是微课资源太散,没有形成专题化的微课程,期盼能尽快实现高校微课系列化、专题化、课程化,尽快形成一批专业精品微课程并示范推广,方便师生系统使用。[③] 来自内蒙古师范大学、武警学院、九江学院、山东科技大学的四位老师都提到:要对微课教学内容知识进行模块化、个性化、类型化组合,对微课主题进行系统化分类。[④]

"系列化的微课"到底由谁来做?从大赛主办方来讲,微课主题由教师自定,虽然现在已开始举办医学类、数学类等分科微课教学比赛,但微课主题仍然分散、甚至重复,难以形成系列。且从精品课程到视频公开课,自上而下、行政主导的系列化资源建设往往难以达到预期目标。与此同时,虽然同一学科有共同规律,但高校教师对课程内容有很大自主性,很多高校教材有差异,由政府顶层设计统筹以实现高校微课的系列化、专题化显然是不可行的。最为可行的是高校、任课教师成为系列微课制作的主体,但高成本、高技术门槛让校本微课建设、教师自建难以实现,尤其当前大学校长的关注点在"慕课",而非"微课"时,系列化的微课建设尚难以实现。

3)教师对"微课"是否适用所有课程的困惑

"微课不是万能的,并不能适合所有课程的教育教学",广东交通职业技术学张文凤老师在经历了微课在"形势与政策"课程中的运用实践后,这样总结到。张老

---

① 王伯庆. 95 后"婴儿方阵"进校高校面对新新人类 [N]. 自中国青年报. 2013 年 08 月 14 日.

② 张文凤. 微课在高职"形势与政策"课程中的运用 [J] 广东交通职业技术学院学报, 2014 (04): 64-67.

③ 胡铁生, 周晓清. 高校微课建设的现状分析与发展对策研究 [J]. 现代教育技术, 2014 (02).

④ 高校教师网络培训中心. 中国高校微课研究报告 [R]. http://weike.enetedu.com/report/index.html, 2014-01-17

师认为像形势政策课这种时效性比较强的课程不适合通过微课进行教学，把知识重点、主要内容分解制作成若干微课，反而不能达到很好的教学效果。[1] 施国栋老师也认为并不是所有的课型在课堂上都需要微课。[2] 桑新民教授也提出：从教育教学的规律来分析，绝不是所有内容的学习都是适合切片化的，网上具有较高人文内涵和思想魅力的讲座与课程，尽管篇幅长，但却同样倍受欢迎和追捧。[3] 2014 年 12 月，在与江苏某大学教师的翻转学堂教研讨论中，来自哲学、历史、艺术等文科教师反应，他们最大的苦恼就是在制作"微课"时，必须将知识点切割为可在 15 分钟内完成传递的片段。

微课在其热潮之后，进入了理性发展阶段。"微课"并不适用于所有学科，已成为越来越多教师、甚至研究者共同的认识。而这一认识往往成为不少老师不尝试微课教学的理念支持。

4）大片式的微课制作方式让教师难以让微课常态化

当我们看到可汗用一个摄像头、一块黑板、一个话筒、一台电脑就制作出了引领全球的微课时，低技术门槛与易制作性让很多教师认为做微课并非难事。但当我们将"微课"作为参赛作品，"微课"逐渐变成了一种大制作。

内蒙古科技大学经管学院的史作杰老师回顾自己整个微课制作过程，感觉是"累字当先"。他说"微课的累表现在制作微课的前前后后，比如联系场地和拍摄人的烦琐之累、撮合时间的沟通之累、实讲的紧张之累（提前调整设备，与听课学生协调状态；能否发挥好一次过）、后期制作的加工之累（为作品添加字幕，一个字一个字对着讲课录音敲上去六千多字后，拿给朋友一句句在图像剪辑时给对上）。"而这些都比不上"备课准备之累"，从定选题、到查资料、做课件习题教案、走剧本讲稿、卡时间自我彩排 n 次，每一步都浸透了努力的汗水……他以"台上十分钟，台下十年功"来形容自己微课产出的不易，并不夸张。

胡铁生在对首届高校微课大赛的调查中发现，采用摄像机拍摄的微课比例为38.9%，52.18% 的教师认为微课视频的后期编辑加工技术难度大（如片头片尾、画面效果、字幕显示等），48.77% 的教师认为微课视频的拍摄难度大，制作成本较高。[4] 课题组随机点开第二届目前参赛作品的 150 个参赛作品，发现 65% 的参赛作品

① 张文凤. 微课在高职"形势与政策"课程中的运用 [J] 广东交通职业技术学院学报，2014，04；64 - 67

② 张灵芝. 微课在高职教学改革中的应用研究 [J] 中国职业技术教育，2014，26；70 - 72

③ 杨满福，桑新民. 对 MOOCs 浪潮中微课的深度思考——基于首届高校微课大赛的分析 [J]. 教育发展研究. 2013 第 23 期：1 - 5.

④ 胡铁生，周晓清. 高校微课建设的现状分析与发展对策研究 [J]. 现代教育技术，2014（02）.

都采用了"专业摄像机"拍摄，甚至个别作品使用了虚拟演播室技术。这种微课制作方式需要专业人员、专业设备，制作成本远高于"可汗制作方式"。在对5所高校微课大赛负责人的访谈中，他们都提到学校将微课大赛获奖作为学校教学成果的一种体现。相对首届，第二届参赛的学校对其重视度提高了不少，所以对微课制作的投入也加大了。如江苏某校因校内摄像力量不足，每门微课以3 000元的价格请外面公司拍摄。

无论是从史作杰老师"累字当先"的感叹，还是一些学校微课参赛作品制作中的一掷千金，我们都很难找到教师将"微课制作"常态化的动力和理由。而如果微课的设计与制作不能常态化，而仅是一时兴起的某次尝试，那么微课的教学应用之路就很难看到希望。

5）微课教学应用研究与技术支撑环境缺乏

学生利用微课学习是微课建设必须予以关注的重中之重，但同时也要注重教师将微课融入课堂教学的便利性、可行性，这对提高大量现实课堂的教学质量具有重大价值。到底在教学中怎样去用微课？如果只是作为学生自主学习的一种资源，那么诚如北京师范大学的杨开城教授所言："如果只有活动的任务或主题，而没有流程控制和监管控制，这种活动我们称之为无结构的活动。无结构的活动在实施时，控制权完全由学生掌握，教师基本失去了解和管理学生学习的机会，是不利于学生学习的"①。微课的教学应用需要对整个教学系统进行设计，但到底怎样的教学系统更能发挥微课的教育价值，事实上除了"翻转学堂"之外，当下并没有一个能被多数人认同的微课教学应用模式。

我国高校的微课建设更多是基于参赛目的，而非教学应用，无论是国家，还是学校自身都没有对微课资源进行管理，为学生提供学习支持、师生交流互动的平台。当微课作为碎片化在线学习的资源应用到教学中，很多人都提出平台需要更强健，技术支持待完善的建议。

同时，我国高校微课热由"全国微课教学大赛"推动，但我们对"微课"的认识绝对不能停留在仅是"教学比赛"的形式上。全国微课大赛因为举办单位自身的职能所限，将大赛的目的定位于教师专业发展与教学能力提升上，但其最终目的是通过大赛让教师了解微课、学会制作微课，让学习者愿意使用微课进行碎片化学习，这是我国高校微课建设中需始终坚持的一点。

① 杨开城. 学习模型与学习活动的设计［J］中国电化教育，2001（12）：16－20.

五、数字化课程资源建设及其教学设计①

在信息技术日益渗透教学领域、武器装备教育快速发展的背景下，军队院校教学信息化领域正在发生深刻变革。空军第一航空学院把信息技术与教学融合发展作为教学信息化首要目标加以部署，把优质信息资源建设作为解决新承训任务教学资源不足的重要方面加以突破，创新提出"课程数字资源精品化工程"（以下简称"工程"）项目并推广实施。

1. "课程数字资源精品化工程"项目简介

该"工程"项目遵循任职教育教学规律，构建了以教学设计为主导、以信息化和职业化改造为手段、以质量效益为核心、以一体化融合和优质共享为特点、以打造精品为总目标的课程数字资源建设新体系。"工程"试点阶段，成立了"专业和课程信息化建设专家组"，建立了专家组和项目组之间的月度检查和交流研讨制度，并组织制定了《"工程"建设与使用管理规范》和《"工程"验收评估标准》，将以上建设模式固化其中，从基本要求到具体建设内容标准、从立项建设到验收使用、从职责分工到人员奖惩等都作了系统规范，为"工程"建设提供智力支持和制度保障。

"工程"推广应用阶段，举行建设试点成果观摩会，推广试点建设经验；邀请校外专家开展"微课程"和"慕课"辅导讲座，组织教员参加全国培训，跟踪数字资源发展新趋势；邀请优秀软件开发公司介绍和展示精彩数字媒体资源制作案例，开阔教员视野；完善"教学数字资源管理平台"和"军队网络教学平台"配套，为建设成果在全军范围内高度共享提供条件。

"工程"创新了课程数字资源"教学设计主导下的一体化、工程化"建设模式，3 年来，共立项开展了 15 门课程的数字资源建设，对已有和新建资源进行深层次整合和充分共享，并用于课程教学实践，大大提高了信息资源与课程标准、教学内容、教学方法之间的系统性和耦合度，改善了学院课程数字资源离散化、碎片化建设面貌，有效提升了信息化条件下航空装备教学力和教学质量，得到总部专家和空军首长的充分肯定，并产生了一批国家和军队级军事训练数字资源建设成果。

---

① 本案例荣获中国高等教育学会 2014 年度"信息技术与教学深度融合"优秀奖，作者：严利华，胡进，卿华，杜春彦，刘万锁等，内容略有删减。

2. "课程数字资源精品化工程"实施背景与意义

前几年，空军第一航空学院面临新承训任务呈现阶跃式增长、任职教育改革步入深水区的新形势，与此同时，存在着人员信息化意识薄弱、教学信息化融合发展较低、优质教学信息资源匮乏等问题。特别是数字资源建设停留在表面上，系统性不强、规范性不够、计划性不明显、教学结合不紧密，低水平重复建设导致数字资源整体呈现出"表面繁荣、内涵不足"的现象。为此，学院适时制订了《2020 年前信息化发展规划》，系统组织实施"五大工程、三项计划"，其中"课程数字资源精品化工程"作为教学信息化建设的基础性工程，对提高教学力、深化任职教育改革、破解装备教学难题和加强人才培养具有重大意义。

"工程"实施是提高信息化条件下教学力的必然要求。信息化教学成为提高教学力不可或缺的动力和重要支撑，而课程数字资源建设是实现教学信息化的重要基础，优质信息资源已经成为教育训练机构教学实力和核心竞争力的重要体现，必须牢牢把握其建设需求、质量和发展方向。

"工程"实施是深化任职教育教学改革的现实抓手。学院自任职教育转型以来，培训对象、教学方法和教学模式等都发生了根本性变化，通过该"工程"强化信息资源建设，倒逼任职教育教学改革，以教学设计作为纽带，将二者有机结合起来。教学设计蕴含教改思想，资源建设以教学设计为主导。

"工程"实施是破解装备原理构造教学的重要突破口。当前学院教学任务重、实装缺乏，信息资源与教学需求的矛盾日渐突出，一些微观、瞬态、抽象、复杂的装备原理很难通过硬件资源展示，而这些原理对深化理解装备的技术性能起着重要作用，硬件资源局限性恰可以用软性资源加以破解。

"工程"实施是培养教员和学员信息素养的坚强基石。学院迫切需要提高人员信息素养，把信息资源建设作为提高人员信息素养的重要平台。教员通过参与数字资源建设实践，学员通过网络课程、虚拟训练软件等学习，把信息技术和工作学习紧密结合起来，提高全员信息获取、处理和运用综合能力。

3. "课程数字资源精品化工程"的主要内容

"工程"从 2012 年概念提出到制定规范、试点建设和全面推行，逐步形成了完整的建设思路和模式，完善了建设管理机制，营造了良好的发展环境，并产生了显著的建设效益。

课程泛指不同适用对象或学时的同一类课程；数字媒体资源是按照课程特定内涵和教学设计，综合运用图文声像媒体形式承载、传递和呈现教学训练内容的各种教学资源载体总称；打造精品数字资源是"工程"建设的总目标，分目标是实现课程数字媒体资源对教学内容的全面覆盖，呈现方式与教学方法深度融合，资源容量与教学对象、教学时数相协调；"工程"主要任务是以学院教学和部队训练需求为牵引，以质量效益为核心，统一立项，加强规划计划，严格验收评审，强化使用管理，建设完善配套的航空装备任职教育数字媒体资源体系；"工程"建设内容包括基本资源和辅助资源，基本资源主要包括课程教学设计方案、课堂（单元）教学设计方案、参考教案、多媒体课件、数字媒体资源库、题库等，辅助资源主要包括多媒体教材、电视教材、网络课程、视频公开课、微课程等。

在数字资源建设过程中，创新了课程数字资源"教学设计主导下的一体化、工程化"建设模式。一是以工程化管理推进信息资源系统规范建设。将数字资源建设从从属于实验室建设项目中独立出来，提升到课程建设层面进行整体设计，将零散信息资源建设项目提升到工程建设层面进行系统规划计划，通过统一立项、重点建设和专项评估来组织和管理课程数字资源建设全过程。二是以教学设计为主导强化课程资源顶层设计。该模式最关键一环是信息化环境下的教学设计，通过课程教学设计和课堂（单元）教学设计来统领数字资源建设。依据人才培养方案和课程标准，在对教学对象和职业岗位能力分析基础上，以教学过程为主线、按知识模块划分单元、按资源属性编目，对课程内容模块、教学活动、学时安排、资源媒介进行整体规划和系统设计，对每个教学单元形成一套完整的"信息资源包"，进而组建"课程数字资源库"，如图2-9所示。三是以多种媒体资源一体化建设促进数字资源深层次整合。针对课程信息资源的离散化和碎片化现象，构建"横向学教并行、纵向全面覆盖"的一体化数字资源建设体系。横向上兼顾学和教两条线，对课程各种文本、图片、动画、音视频和模型等进行重新封装，形成以教为主的"课件包"和以学为主的"学件包"。纵向上把数字资源融入课程教学的每个知识点，从课堂教学设计方案到教案、课件、素材、题库、网络课程和虚拟训练软件等数字资源进行全要素、一体化整合，如图2-10所示。

4. "课程数字资源精品化工程"的建设策略

"工程"建设，一是创新提出课程数字资源"三类四化"建设策略。将课程区分为基础理论、构造原理和维护实习三类，基础理论类课程突出软件资源建设地位，构造原理类课程针对装备技术和设备特点，做到软硬件资源并重，维护实习类课程优先选择实装，配套必要的虚拟训练软件资源。在资源素材呈现方式上，对教学内容进行深入分析、理解后，综合选用"微观的宏观化、瞬态的连续化、复杂的简单

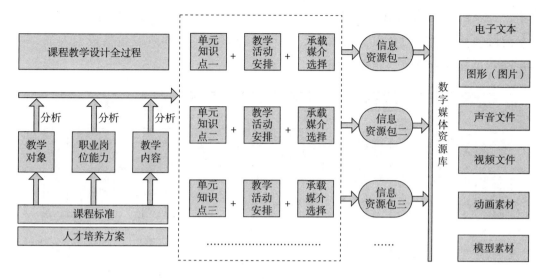

图 2-9 信息化环境下教学设计模式

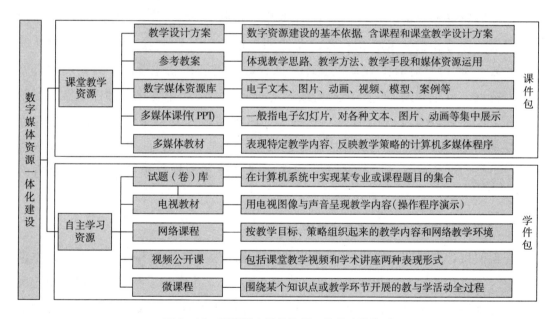

图 2-10 课程数字媒体资源一体化建设体系

化、抽象的形象化"等呈现方式，进行创造性地设计和制作，使教学内容展现准确、形象、易懂，具有较强的启发性和感染力。

二是明确建设流程。按照精细化管理理念，将课程数字资源设计与实现固定为5个步骤21个环节的标准流程，5个步骤指规划、设计、开发、评价和修改，如图2-11所示。规划阶段包括岗位任务、受训对象、现有资源和教学需求综合分析，确定教学目标；设计阶段包括制定教学策略、选择实现方法和教学媒介，确定资源开发需求；开发阶段包括选取素材资源、资源环境开发和质量跟踪，并进行资源封装；评价阶段包括分项、总体和外部评估，进行资源验收；修改阶段包括资源发布、收集反馈意见和修改完善，重新应用。

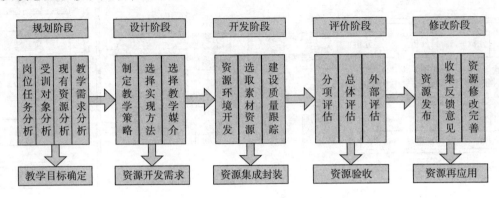

图2-11　课程数字媒体资源开发流程

三是倡导资源的特色化开发。针对某些特定教学内容，为了有效地支持知识点的表现，保持和教学策略相一致，需要创造性地设计和制作一些准确实现教学目标的数字资源。例如，"发动机原理"课程数字资源精品化建设，结合发动机原理课程特点，自主开发127个形象精致的动画演示激波产生变化、部件喘振、涡轮增压等工作原理以及发动机结构，帮助学员理解和掌握复杂难懂的理论，同时针对速度三角形、激波、进气道等抽象控制模拟，创造性开发了10个小型交互软件辅助自主学习，为任务式、情境式、翻转式课堂等新型教学模式的实施提供有效支撑。

5．"工程"组织实施过程的主要做法

完善项目管理制度，强化工程建设规范管理。为推进专业和课程与信息技术的深度融合，成立了"专业和课程信息化建设专家组"，并建立了专家组和项目组之间的月度检查和交流研讨机制，定期进行跟踪指导和进度检查，及时发现和解决存在的问题；组织制定了《"工程"建设与使用管理规范》，从申报立项、建设实施、检查验收、使用管理、职责分工、人员奖惩等方面进行了系统规范，为"工程"提供了制度保障。

建立基于教学力的数字资源建设标准体系，狠抓质量效益打造精品。一方面研究制定了《"工程"验收评估标准》，设置了5个一级指标和15个二级指标，并明确了验收标准和评分细则；另一方面对11种数字媒体资源进行统一解读，有国家或军队建设标准的直接引用，如《军队网络课程技术规范》《多媒体教材技术规范》《视频公开课拍摄制作技术标准》，没有则制定学院标准，如《空军第一航空学院课程教学设计方案编写规范》《空军第一航空学院试题（卷）库建设规范》等。

积极营造良好发展环境，注重软件硬件平台搭建。通过组织开展各种活动和采取相关措施，为"工程"实施营造良好的政策环境和软硬件环境。工程试点建设成功后在全院范围内宣讲，举行建设试点成果观摩会，推广建设经验；邀请中国职业教育微课程及慕课联盟等机构专家教授开展辅导讲座，优秀软件开发公司介绍和展示精彩数字媒体资源制作案例，全军电教教材评审专家现场指导，跟踪数字资源发展新趋势；每年组织专家组和项目组成员参加"全国教师信息技术培训项目（TITT）""推进信息技术与教学深度融合专题报告会"等活动，提高人员信息化素养；积极组织建设成果参加空军、全军、全国的各种信息化大奖赛和数字媒体资源评比，加强与军内外同行的交流学习；新建和搭建"教学数字资源管理平台"和"军队网络教学平台"，为建设成果在全军范围内高度共享提供软硬件条件。

走军民融合式建设道路，加强资源建设联合开发。发挥军队院校教学内容和教学设计优势，结合地方公司先进的信息技术平台进行联合开发，是建设优质数字资源的重要手段。联系和邀请中科软科技股份有限公司、上海景格科技股份有限公司、西安酷游网络科技有限公司和山东捷瑞数字科技股份有限公司等10余家大型软件公司参与学院"工程"建设项目招标，合作完成难度较大的多媒体教材和虚拟训练软件开发，既锻炼了教员队伍信息技术能力，又保证了资源建设质量。如"航空航天概论多媒体教学软件""航空自动武器网络训练系统""弹射座椅虚拟训练系统""军械仓库仿真虚拟训练系统"等10余项成果都是军民结合联合开发的结晶，如图2-12所示（涉及装备型号图片做了保密处理）。

6. "课程数字资源精品化工程"的创新点

创建了课程数字资源"教学设计主导下的一体化、工程化"建设模式。将"学教并重"教学思想、系统工程理论和精细化管理理念引入工程建设，是系统论、方法论在信息资源建设过程中的具体运用，实现了课程数字资源建设从碎片到系统、分散到融合、一般到精品状态转变，丰富了信息技术与教学深度融合理论。

构建了"横向学教并行、纵向全面覆盖"的一体化数字资源建设体系。横向上兼顾教和学两条线，纵向上把数字资源融入课程教学的每个知识点，形成了从教学设计方案到教案、素材、课件、题库、网络课程和虚拟训练软件等数字资源的全要素、一体化的深度融合，解决了信息资源建用两张皮的痼疾。

图 2-12 联合开发的数字媒体资源

创新提出课程数字资源"三类四化"建设策略。将课程区分为基础理论、构造原理和维护实习三类，明确了各类课程资源建设侧重点；在资源素材呈现方式上，总结出"微观的宏观化、瞬态的连续化、复杂的简单化、抽象的形象化"针对性策略，形成了建设标准规范，为课程数字资源建设提供了基本遵循。

创建了课程数字资源精品化工程建设实施的基本流程以及推广应用的基本范式。在试点阶段形成了"5 个步骤 21 个环节"的标准建设流程，在推广阶段总结出"观摩交流—辅导讲座—作品展示—平台搭建—评审推荐"系统解决方案，为开展类似案例建设和推广提供了参考借鉴。

展望未来，为进一步促进现有教学模式创新和数字资源高度共享问题，服务广大部队官兵和军队院校学员，建设学习型机务部队，学院将 MOOC 已列入《2020 年前信息化发展规划》具体实施项目，结合空军职业教育改革需求，目前已经启动该项工作的前期准备工作。下一步思路，一是加强同国防科技大学等兄弟院校交流合作，组建研究和制作团队，搭建先进的软硬件平台；二是深入开发在线课程，针对MOOC 短小精悍、易于业余学习特点，充分发挥"工程"优质数字资源优势，把建设成果融入在线课程，将 MOOC 打造成课程数字资源精品化工程建设新亮点。

第三篇

教学模式与创新

——推进"融合"的课程建设、模式探索及教法改革

21 世纪高校教学模式的创新与发展既是为了满足信息时代学生的要求，也是为了借助信息技术提高教学效率和效果，促进教育公平。中国高校推进数字化校园建设的三十年中，特别是最近十年来，依据信息时代学生的学习特点推进教学理念、教学模式及教学方式的变革，在不同类别学校及不同学科领域所进行的教学模式创新，取得了不少推进教学改革、提高人才培养质量的好经验，为信息技术环境下高校教学模式创新提供了很多优秀范例。

一、信息技术带来学习方式的显著性变化

信息技术使人类社会的生产方式、生活方式以及学习方式发生深刻的变化，在教育教学中广泛应用信息技术，已经成为各国教育改革和教育发展的重要趋势。《国家中长期教育改革和发展规划纲要（2010—2020 年）》明确指出："信息技术对教育发展具有革命性影响，必须给予高度重视"。教育部《教育信息化十年规划》为高等教育信息化指出明确发展方向："推动信息技术与高等教育深度融合，创新人才培养模式，重点推进信息技术与高等教育的深度融合，促进教育内容、教学手段和方法现代化，创新人才培养、科研组织和社会服务模式，推动文化传承创新，促进高等

教育质量全面提高。"

1. 信息时代的学习环境呼吁教学模式创新

目前高校大学生大都是 95 后，部分 00 后，作为与网络、手机为伴的"数字原住民"，其学习方式是在典型的"数字时代"环境中熏陶形成的，其接受信息的渠道、思维模式、行为方式都受到互联网的深刻影响，网络化和数字化的生活，在真实地笼罩着他们。超文本、即时回应、多重互动等新媒体的特性，使得这一代的信息输入与输出已发生显著的变化，他们具有即时性、社交性、个别性和多任务的特点，表 3 - 1 总结了信息时代的学生的喜好特征。而非数字化时代环境中成长起来的大学老师，常常被称为"数字移民甚至是数字难民"，对于信息时代的教学应对策略，往往需要经历一个不习惯、不适应的艰难过程。

表 3 - 1 信息时代学生的特征及教学应对策略

特征		教学应对策略
喜欢	不喜欢	
喜欢个别化、即时的、互动的事情	不喜欢统一规范	鼓励自主学习，进行以学生为中心的教学活动
喜欢集体行动或共同学习	不喜欢独自学习	跨越现实和虚拟的障碍，实现分享、参与和协作等学习模式
喜欢立即反馈，喜好定制的、互动的、由用户控制的学习方式	不喜欢延时反馈，不喜欢被一视同仁	利用互联网，采用作业网上提交、网上互评等方式
喜欢自订步调，很有弹性	不喜欢被人主导或默默承受	充分利用网络资源
喜欢视觉化的、图表化表达	不喜欢文字或静态视讲	适当使用图像、视频等媒体元素，实现与文本的有机结合
讲究速度和多任务，接受和处理多种信息流的能力	不喜欢单任务	根据教学内容，可以适当嵌入一些游戏化的教学模块，在教学中引入游戏化奖惩机制

从表 3 - 1 中可以看出，信息时代的学生喜欢个别化、即时的、互动的事情，喜欢视觉化的表达，讲究速度和多任务，具有同时接受和处理多种信息流的能力。因此，教师一方面应该结合信息化时代的学生特征，思考什么样的教学方式更容易为学生所接受，何种类型的教学方法更适合学生的学习，从而转变教学观念、变革教学方式；另一方面，可以借助于信息化教学环境的支撑，整合在线自主学习、协作学习和混合式学习，构建更适合信息时代的学生学习的新型教学模式，从而顺应教

育信息化的需求，培养具有良好的自主学习能力、人际交往能力和研究能力的创新型人才。

2. 信息化带动全球高等教育的变革

在经济全球化的大背景下，国家的信息化水平和信息化能力成为新的衡量国家综合实力的重要指标。教育信息化包括教育理念的信息化、教育资源的信息化和教育行为的信息化，三者共同作用形成新的教育模式。

（1）教育理念的时代性。教育理念是时代变革和社会转型的产物，高等教育理念的发展演变，反映高等教育自身的发展规律，也要与时俱进地适应社会的新时代特征。对于以传播知识为目的的传统教学模式而言，其教育理念更侧重于知识传授的过程，教师尽可能将知识消化、嚼碎了喂给学生，力争将有问题的学生教得没有问题。进入信息技术时代，传播知识的渠道大幅增多，学校教学中知识传播功能在逐渐减少，引导学生思考的要求愈来愈高。教师的本领不在于他是否会讲述知识，而在于是否能激发学生的学习动机，唤起学生的求知欲望，让他们兴趣盎然地参与到教学过程中来。此时，教师的任务是启迪智慧，激励思考，是引导那些没有问题或提不出问题的学生学会发现问题，逐渐养成问题意识，为解决问题奠定基础。正如联合国教科文组织在《学会生存——世界教育的今天和明天》中所言："教师的职责现在已经越来越少地传播知识，而越来越多地激励思考。"总之，现代教学理念要求以学生为中心，教师不仅要以自身的学识素养去为学生"传道、授业、解惑"，而且还要引导学生自主学习、探究学习、合作学习，学会独立思考，进而学以致用。

（2）教育资源的信息化。在信息化时代，资源的共享和信息的传播日渐便利。自斯坦福大学在2011年推出"大规模开放在线课程"以来，全球越来越多的高校加入到提供网络公开课资源的行列中。随着众多在线教育平台的相继出现，课堂不再是学生获取知识的唯一或主要途径。因此，努力构建教学环境的信息化和教学内容的数字化，实践教学过程的网络化以及教学媒体的综合化，提升师生的信息素养，实现课程教学与信息技术的有机整合，形成"自主学习"和"终身学习"的可持续发展的学习模式是现代教育之教育资源信息化的关键所在。

（3）教育行为的数字化。生活在手机、计算机、视频游戏和因特网技术无处不在的新时期的学生，他们适应并内化了数字文化，其思维模式和学习习惯已经发生了显著的变化，从基于书籍、面对面传授的传统学习方式，到基于互联网、PC 的数字化学习，到正逐渐成为主流的数字化学习（E - learning），以及线下线上相结合的混合式学习（Blended learning），到基于移动互联网和手机终端的移动学习（M – learning），乃至进一步发展至基于泛在网络和任何接入终端的泛在学习（U – learning）。

总之，在线学习正在成为一种生活方式，潜移默化地改变着人们的工作、学习和生活，从而带动人们进入一个人人学习，时时学习，以及处处学习的终身学习的学习型社会。因此，教师需要用心去了解学生，重新审视教学设计，激发学生的创造力，诱导、协助学生进行快乐、有效的学习。

二、教学模式的基本内涵及相关理论学说

在科学研究中，人们常常将模式看成是对某一过程或某一系统的简化与微缩式表征，以帮助人们能形象地把握某些难以直接观察或过于抽象复杂的事物。[①] 安德鲁斯和古德森曾指出：一种教学模式就是一组综合性成分，这些成分能用来规定完成有效的教学任务中的各种活动和功能的序列。故而，利用某一种模式，人们可以将教学活动或过程化解为某些关键要素或成分，并借助其简化的、微缩的方式研究与探讨有关的现象。[②]

教学模式的发展变化往往涉及教学理念的转变、教学过程的重构、评价标准的变化和教学管理方式的改变等方面。古代的教学模式是典型的"讲—听—读—记—练"的传授式的教学模式。18 世纪后期，赫尔巴特提出了以教师为主体的"明了—联想—系统—方法"的四阶段教学模式，后被发展为五段教学模式。19 世纪末到 20 世纪初，美国教育家杜威的实用主义教育理论得到了社会的推崇，"创设情境—确定问题—占有资料—提出假设—检验假设"的教学模式得到了发展，开辟了现代教学模式的新路。但它在某种程度上被认为弱化了教师的指导作用，片面强调直接经验的重要性，忽视了知识传递的系统性。20 世纪 50 年代以来，认知心理学，尤其是系统论、控制论、信息加工理论等的产生，对教学模式产生了深刻的影响，出现了很多的教学思想和相关理论，同时也产生了许多新的教学模式。20 世纪 90 年代，随着多媒体计算机和互联网的迅猛发展，以皮亚杰和维果茨基为代表的建构主义理论开始盛行，知识的主动建构找到了强大的技术支持和保障，开始把发展学生学习的主体性与自主性作为的重点，把学生的学习环境和活动创设作为教学的重心，由此衍

---

① 高文. 现代教学的模式化［M］. 山东教育出版社，2000：194.

② Anthony S. Bagdonis, David F. Salisbury. Development and Validation of models in Instructional Design. Educational Technology, Apr. 1994, p. 26.

生出众多基于建构主义学习理论的教学模式的创新与发展。

从不同的基点出发教学模式的分类各不相同。美国学者布鲁斯·乔伊斯（Bruce Joyce）把教学模式归纳成四种基本类型，即信息加工、个性教学、合作教学和行为控制。信息加工教学类型把教学看作是一种信息加工的过程，着眼于知识的获得。个性教学类型是基于个别化教学理论与人本主义的教学思想，强调学生在教学中的主观能动性，着眼于个人潜力和人格的发展。合作教学类型是基于社会互动理论，强调教师与学生、学生与学生的相互影响和人际交往，着眼于人的社会性品格的培养。行为控制教学类型以行为主义心理学理论为基础，把教育看作一种行为不断修正的过程。表3-2给出了常见教学模式的理论基础、教学程序和特点的对比。

表3-2　常见教学模式的比较

基本类型	教学模式	理论基础及基本观点	教学程序	特点
行为控制	程序教学模式	行为主义心理学理论	教育是一种行为不断修正的过程。自我控制－驾驭环境—提高目标行为质量	需要借助程序式的教材
信息加工	传递—接受式	操作性条件反射的训练心理学	复习旧课—激发学习动机—讲授新课—巩固练习—检查评价—间隔性复习	学生可在短时间内接受大量信息；满堂灌不利于创新思维的培养
	巴特勒模式	信息加工理论	设置情境—激发动机—组织教学—应用新知—检测评价—巩固练习—拓展迁移	普适性的教学模式
	加涅模式	人的学习过程等同于电脑对信息的加工处理过程	引起注意－告知目标－刺激回忆－呈现材料－提供指导－引发业绩－反馈评价－保持与迁移	学生可在短时间内接受较多的信息；不利于创新思维能力的培养
个性教学	自学—辅导式	发挥主体性，培养自主学习能力	自学—讨论—启发—总结—练习巩固	有利于发挥学生的自主性和创造性；适合小班教学
	范例式	人的认知规律：从个别到一般，从具体到抽象	范例"个"案→范例"类"案→规律原理→方法论→应用训练	有助于培养学生的分析能力；适合原理、规律性的知识的学习

续表

基本类型	教学模式		理论基础及基本观点	教学程序	特点
合作教学	探究式	"5E①"	建构主义理论	问题—假设—推理—验证—总结提高	培养学生的创新思维能力和合作精神；适合小班教学
		WebQuest②			
		Big6③			
	抛锚式	问题教学法		创设情境 – 确定问题 – 自主学习 – 协作学习 – 效果评价	有利于培养学生的创新能力、独立思考能力和合作能力等
		案例教学法			
		情境式			
	现象分析式			出示现象→解释现象的形成原因→现象的结果分析→解决方法分析	培养学生的分析、综合能力
	参与式		学习者为中心	应用小组讨论、角色扮演、头脑风暴等灵活多样的教学手段	鼓励学习者积极参与教学过程

较之于欧美，我国高校在教学任务、教学过程、课堂氛围、考核方式和对学生的评价标准等方面还存在着一定差距（见表3–3）。美国的高等教育秉承"以学习者为中心"的教育理念，其教育侧重于培养学生的独立人格和思想。而传统的中国教育则强调教化，课堂教学活动中往往注重知识的掌握和继承。因此，我国的传统教学模式在学生的自主学习能力的培养、学习兴趣和创新思维的培养、批判思维的培养方面相当不足，考核缺乏对学习全过程的监管，缺乏对学生分析问题和解决问题能力的评价。

表3–3 我国传统教学模式与欧美教学模式之比较

类型 国别	教师任务	教学过程	课堂氛围	考核方式	对学生的评价
欧美	帮助学生构建知识；培养学生的创造性思维和兴趣	教师主导，突出学生的主体参与意识；重视实践性活动	课堂气氛活跃；鼓励学生标新立异	考核整个教学的过程；试题往往没有唯一答案	侧重学生综合能力与素质
中国	侧重知识的传递	知识和信息单向传递为主	课堂气氛严肃	考查学生对所学知识的记忆能力	以学生学业成绩定优劣

① 5E 教学模式指的是五个环节，是吸引、探究、解释、迁移和评价。
② 美国圣地亚哥州立大学教授伯尼·道奇（Bernie Dodge）等人在1995年创建的一种网络探究教学法。
③ Big6是一种已经得到普遍应用的网络主题探究模式，用来培养学生信息能力和问题解决能力，它是由美国迈克·艾森堡（Mike Eisenberg）和鲍勃·伯克维茨（Bob Berkowitz）两位学者首先提出的。

纵观近期的教学模式的研究成果，以以学生为中心的建构主义学习理论为基础的教学模式占主体地位，教学模式愈来愈强调学生的学习主动性的激发，创新思维、创新能力、信息素养、分析问题和解决问题的能力等综合素质的培养，高等教育教学模式的发展呈现出融合和交叉的发展趋势。

三、信息技术推动教学模式的根本性转变

常言道："教学有法，教无定法"。信息时代，众多在线教育平台的相继出现，使得学生获取知识的途径将不再仅局限于课堂；通过对学生在线学习所产生的大数据的分析归纳，使得因材施教，让每个学生有机会获得为自己量身定做的教学体系成为可能；开放的网络教学平台为学生和学生、学生和教师以及教师和教师之间搭建了良好的交流途径，为协同学习，共同进步提供了条件。因此，信息技术与高等教育深度融合，将信息技术、信息资源和课程有机结合，新型的基于信息技术的教学模式的建构创新成为高等教育发展的必然趋势。

信息技术环境下高校创新教学模式，不能只是采用单一的某一教学模式，而应该适时适度地使用不同的教学模式，吸取不同教学模式的特色为教学内容服务，从而努力让教学过程探究化，教学活动信息化，教学结果创新化，进一步培养学生的创新思维，提升创新能力，增强独立思考分析和解决问题的能力。

1. 高校教学时空环境已经明显变化

根据教学时空，信息时代的教学模式可以划分为同时同地的常规课堂教学模式，同时异地的远程教学模式，异时异地的视频播放模式，以及随时随地的 MOOCs 模式（见图 3 - 1）。

图 3 - 1　信息时代教学模式的多样性

面对面的常规课堂教学固然有其师生可直接交流沟通的优越性，但在信息技术环境的支撑下，同时异地的远程教学模式也日渐兴起，较之于同时同地，远程的同时异地的授课方式的受益学生数更多，有利于优质资源的共享，有利于缩小不同地区的教育差距，有利于教育的公平化。而随时随地的教学模式则可以借助于网上资源，让学习者可以自由掌控学习地点、时间和进度。

2. 高校学生学习形态正在悄然改变

1）线上线下结合的混合式学习

线上，既有同时异地授课，也有随时随地的视频播放，教师可以在同时异地授课中直接鼓励学生提出问题、发表观点，也可以通过网络回答学生问题，还可以开展网上主题研讨、作业信息反馈等互动活动。线下，翻转课堂，教师的教学从以传递知识为目的的信息展示与传递，转化为以释疑、引导和讨论为主的授课。让学生拥有本地教学资源的同时，也能充分享受远程的优质教学资源。

2）基于大数据的个性化学习

随着"数字原住民"一代步入大学，并且成为利用信息技术推动高等教学创新的主要力量，推进教学信息化的关键挑战之一成为如何充分利用各种信息技术对学习者的学习过程与结果进行监控，尽可能全面地收集相关信息，并利用各种学习分析技术，为学习者提供及时反馈。学习者在互联网学习交互过程中，会产生如学习时间分布、停留时间和回访次数及间隔等学习行为数据；产生关于某一问题的观点、意见的学习内容数据；产生学习者在各虚拟学习社群中的交往属性、动态及位置和作用等虚拟社会网络关系数据；以及产生对学生学习进行管理和评价所记录、生成的学习管理数据等。通过对学习者的学习行为数据、学习内容数据、虚拟社会网络关系数据和学习管理数据进行挖掘、分析和研究，有助于了解学习者的学习类型、风格及所需学习服务类型，有利于了解学习者的知识掌握情况，从而为学习者提供个性化的学习服务，促进机构学习管理能力的改进。

3）随时随地的自主移动式学习

在移动设备的辅助下，学习者随时可以快速在不同情境下进行学习。自主移动式学习在时间上体现为课堂学习和课外学习、即时交流和非即时交流的结合，空间上表现为班内和班外、校内和校外、国内和国外的融合，教学方式上则呈现为正式学习和非正式学习、听课与自学、视频和图文、常规课堂与翻转课堂等多种教学模式和教学手段的有效衔接。

3. 高校课程结构及教学方式的创新

1）课内课外融合的混合式教学

我国传统的高等教学往往注重课堂教学，希望在课堂教学中能把所有的知识点讲透彻，学生彻底明白接受，以至于学生在课前和课后"很轻松"。这不利于学生学习自主性的发挥，不利于创新思维的培养，不利于分析问题和解决问题能力的锻炼提升。因此，有必要将课堂的知识的传授改为教师为学生释疑解惑，要求学生课前利用信息资源，自己学习相关内容，发现问题，提出问题，带着问题进课堂，诱导学生将课内学习拓展至课外，两者结合，提高课堂效率。

2）大班授课与小班讨论相结合的协作式教学

对于理论性的知识，可以采用大班授课的方式，而对于实践性或探讨性的知识，小班讨论更加有利于调动每一位学生的参与积极性，发挥每位学生的主观能动性，深化学生对知识的理解和掌握程度。

3）MOOC 和 SPOC 并存的交互式教学

MOOC 因其受众的量大面广而备受推崇，但同时其高辍学率也不容忽视，况且，同样一门课程，较之于面向社会而言，面向高校学生课程的授课内容深度、广度和进度均有明显的区别，不同学校学生的教学目标也不一样，所以有时面向小范围的特定受众开设 SPOC 课程的效果会更加佳。与 MOOC 同步的 SPOC 课程既提供 MOOC 上的公共资源，又能针对性地对特定受众开展有效教学。因此，MOOC 和 SPOC 并存的交互式学习不失为一种较好的途径。

4）师生、生生、师师相互促进的互动式教学

学习并非单纯是抽象知识的传递，而是共同建构知识的交际过程；这一过程中建构的知识，往往与具体的环境和情境相结合。知识构筑理论强调学习的延伸，即通过合作实现对理念（ideas）的创造、改良和推进。在知识建构的过程中，每个学习者都是知识的贡献者。无论是线上的网络学习，还是线下的课堂学习，在学习研讨过程中产生的一些生成性的知识不仅丰富了学生的知识，而且也为教师的教学改进提供第一手资料，师生既是课程的受益者，也是课程的生产者，从而促进教学相长。

5）基于案例的参与式教学

案例指一个包含疑难问题，同时也可能包含解决问题的方法的实际情境的描述。以具体案例驱动，借助于重现或模拟场景，让学习者融入案例场景，通过对其分析、讨论、合作学习、脑力激荡等互动方式，让学生学习权衡其过程、解决方法、矛盾、利害得失等，培养学习者的分析判断推理能力，增进学习者的问题解决的技巧与能

力。案例教学使得学生成为教学主体，有利于形成自主学习、合作学习、研究性学习和探索性学习的开放型的学习氛围。

6）虚实结合的沉浸学习模式教学

通过将网络技术与学习平台结合，利用虚拟现实技术研发虚拟学习环境，实现教学或实验环境的真实环境与虚拟环境的有效结合，学习者通过高度参与互动、演练，如仿真模拟训练、3D虚拟环境下的操作训练等，获取知识或提升技能。另外，学习者置身于虚拟学习社区，能够自然地与其他学习者、指导者进行交互，产生沉浸其中的感觉。这种虚实结合的沉浸学习模式不仅有利于弥补教学受时空、资金、设备等限制的教学缺陷，而且可以增强学习者的临场感，有利于培养学习者的协作学习能力。

4. 应用信息技术的教学效果评价考核

信息技术环境下，应坚持结果与过程并重，能力和素养兼顾的多元化评价。传统的高校教学评价往往是面向知识和结果的评价，重视考核结果而忽略学习过程，重视知识掌握而忽视能力素养的培养，从而造成了平时不努力考前突击，埋头知识学习而忽略创新能力培养的局面。多元化的学习评价则融合了平时作业的学生互评、教师评价，以及平时活跃度等过程性的因素，学习评价侧重面向学习全过程和学生能力的发展。因此，有助于培养学生的自主学习性和促使学生的全面发展。

总之，教育信息化促使学生的学习方式、教师的教学方式以及课堂形态等各方面均发生了深刻的变革和创新。如以3D打印、虚拟学习社区为代表的新技术的深入应用，有利于促进学生从被动接受的学习方式转变为自主、合作、探究的学习方式；而MOOC、微课程、资源共享课等资源的发展，则为教师在教学内容、教学方法和教学手段的创新变革提供了有效的支持，从而促进教学方式的变革；云计算、虚拟实验等教学环境和教学要素的革新，有力地促进了课堂形态的变革与创新。

四、高等学校教学模式多样性的探索实践①

为适应未来社会、经济发展的需要，实现创建高水平研究型大学的目标，浙江大学确立了"以人为本、整合培养、求是创新、追求卓越"的教育理念和"造就具有国际视野的高素质创新人才和未来领导者"的人才培养新目标，开展了本科教育

---

① 本案例由浙江大学陆国栋教授提供。

人才培养模式的改革。近年来，浙江大学对自主式学习、协作式学习、混合式学习和沉浸式学习等教学模式进行了探索和实践。

1. 同时异地的协作式教学模式

为了实现优质教学资源——教师的共享，促进跨学校、跨地区学生的协作学习，浙江大学进行了多门课程的同时异地授课，如表3-4所示。

表3-4　同时异地授课协作式教学模式实践概况

类别	课程名称	授课背景（目的）	实施时间	特色描述
跨阶段课程——大学先修课	物理与人类文明	促进大学与中学（湖州中学）的衔接，支持优秀学生提前修读大学课程	2013年9月	让优秀高中学生通过远程直播聆听浙江大学名师讲课，与浙江大学学生同步参与课堂讨论
跨校区课程	宪法与民主	解决学生修读跨校区课程的困难	2013年秋冬	跨校区互动课程，突破时空限制
	公共经济学概论		2014年春	
	当代世界经济与政治		2014年春	
跨学校课程	工程图学	挖掘不同老师的教学特长，优势互补，协同创新	2013年10月；2014年10—12月；2015年3—5月	国内多所高校的优秀教师协同授课，优势互补，扩大优质课程的受益面
跨国界课程	动力，振动和声	邀请西澳大学的Brian Stone教授与浙江大学优秀教师联合开设双方学校的课程	2014年春	西澳大学学生与浙江大学学生同时在不同教室内接受授课，共同讨论，开拓学生的国际视野

2. 基于自主——协作——混合理念的SCH-SPOC教学模式

SCH-SPOC教学模式是基于自主（Self-directed learning）——协作（Collaborative learning）——混合（Hybrid learning）理念的教学模式。SCH-SPOC教学模式的服务对象主要为校园内的大学生，通过将线上的在线教学和线下的课堂教学相结合，即学生先课外观看线上的同时异地授课视频，教师把课堂教学时间用于释疑解惑、梳理和讨论重点和难点问题、加强练习和巩固知识等，此时的教师需要根据学生需求灵活设置和动态调控课程难度、进度及评分标准。

首先，学生充分利用线上丰富的优质共享资源进行个性化的自主学习。其次，通过诸如分组协作、跨班协作、校区协作、跨校协作、不同类型高校之间的协作进行协作式学习，并且，大班讲课与小组分组翻转课堂相结合，实现同时同地、同时异地与随时随地的时空交融。由此可见，SCH‐SPOC虽然借鉴了SPOC的理念，但内涵比SPOC更为宽广，它包含了自主学习、协作学习和混合式学习这三种学习模式。

2014年10月至12月，全国30所高校师生共同参与了12次"工程图学"同时异地授课。国内20所高校的21位资深教师合作承担线上课程教学，讲授各自有所长的知识内容，优势互补，注重知识的拓展和延伸、学科前沿的介绍和思维方式的训练，协同创新。由于各主讲教师对内容作了精心的准备，授课知识面广，信息量大，大大开拓了学生的知识视野。另外，依托中国大学MOOC在线平台，建立了一门30所高校师生共享的"工程图学"MOOC课程。该课程平台上有面向所有参与学校学生的资源包括各主讲教师的教学课件、教学视频、思考题、自测题、互评题等，学生也可在讨论板块内向主讲教师提问、与其他高校学生切磋探讨。鉴于不同学校的教学要求、教学进度及学生基础有差异，故在"工程图学"MOOC平台下构建了由各个学校的SPOC课程组成的同步SPOC课程群，如此各校学生的学习既相对独立，又合作共享。

为了对比了解SCH‐SPOC教育模式的学习效果，对参与学习的学生进行了前测和后测问卷调查。85%的学生对课程教学表示"满意"和"基本满意"，大多数同学对"所设计的学习活动有助于达到规定的课程目标和能力""增加了我的学习兴趣""促进了我的自主学习"表示认同和肯定，在调查"课程学习对学生技能和能力的影响"方面，"信息媒介素养"与"创造革新技能"因子发生了显著变化，说明通过信息技术支持的教学模式的改革试点，提高了学生的信息媒介素养和创造革新能力。

探索结果与过程并重，能力和素养兼顾的多元化评价。"工程图学"课程在对教学方式进行改革的同时，在考核方式上也进行不断的探索。学期过程中，让学生进行自己出题、自己解答、同学互评的探究式学习，极大调动了学生学习积极性和主动性。学期结束时，允许一部分优秀学生以课程论文、PPT答辩的形式代替期末的笔试。

3. 虚实结合的沉浸式教学模式

为了提高实验的真实感，2006年开始，浙江大学开始推行远程真实控制实验，即通过建立虚拟实验环境，将学生的实验操作指令通过网络发送给位于异地的实际实验设备，以达到类似于现场操作的实验效果。如此不仅突破了时空的限制，降低了实验成本，而且提高了现有实验设施的利用率。

目前，浙江大学不仅拥有"化工原理""反应工程"等生化类专业远程真实控制实验，而且具有"电工电子"这样的基础类远程真实控制实验。这种虚实结合的沉浸式学习模式让学生有较强的现场沉浸感，反响良好。

4. 高校教学模式创新的思考

在全球化学习、移动学习和终身学习等新的学习方式正在改变着学习者的认知结构的如今，信息化环境下的大学教学创新，其核心的目标为新型教学模式的构建以及学习者学习方式的转变。高等教育的教学模式呈现出以"教"为主向以"学"为主以及从单一教学模式向多元化教学模式发展的趋势。实践中的思考如下：

密切关注新技术和新理念。新兴技术在教育中的应用，可以有效转变教与学的模式和效率。如3D打印技术将颠覆学生的动手实践，体感技术将引发学生互动学习的新体验，虚拟社区将支撑学生大规模的合作学习。同时，大力推进教育走向没有边界的教学时空，要通过课内课外融合、线上线下结合、国内国外互通，打破教学的时空边界，让学生充分运用自主、协作、混合的教学模式。

应注意政策及制度建设的关联性和系统性。配合国家《纲要》精神，需要注意建立地方、高校、院系不同层次推进信息化与教育教学深度融合的系列配套政策或制度，确保配套政策在功能作用方面相互配合。在高校内部的教学管理方面要努力做好学习分析和大数据挖掘。为学生提供个性化定制式自主学习计划，帮助教师诊断和调整教学中的问题，检验信息技术与课程教学融合的效果，为教育政策提供更好的依据。高校内部要有激励机制提高教师参与探索实践的积极性。本科课程教学模式改革是一项长期艰苦的工程，如何改革现有的考核方法，提高教师的积极性，仍是一个不断摸索的过程。

五、高校教育信息化生态环境构建与应用[①]

浙江中医药大学开展的中医教育信息化生态环境构建与应用是信息时代学习环境构建与应用的优秀案例。该校项目组根据中医教育的独特需求，创建了中医教育的信息化生态环境，科学地找到解决师资"生态环境贫瘠"、学生"靶向学习资源缺乏"和"能量流""信息流"交互不畅、生态循环受阻的可行性系统解决方案。

---

① 本案例荣获中国高等教育学会2014年度"信息技术与教学深度融合"优秀奖，作者：李俊伟、邵加、来平凡、柴可夫、卢启飞、王强、李卫平等，内容有删减。

在生态环境中较好的积累了名中医的稀缺资源，架起了名医名师、普通教师、临床医师和学生之间的信息桥梁，排除了中医教学资源在课内、课外、临床、实践中的流通障碍，为培养具有信息化素养的可持续进步的师生作了有效的尝试。

1. 锁定四率、深入实践

总结中医教育技术三阶段的经验，归纳当前存在的教学问题。通过文献整理，有效问卷的统计分析，找出形成问题的教学三要素为学习呈现方式、学习活动方式和教学模式；环境两要素为资源规划、流程重构；显性行为四要素为学习体系的点击率、利用率、互动率和回报率，称为"四率"。四率修正生态体系的具体方法如下：

以"点击率"为切入点，用量变带动质变。参照点击率排行榜奖励不断更新充实课程的教师。高点击的常态公告带动了师生追求课程内容的质量。

抓"利用率"提高"点击率"，用质变提升量变。系统依据教学要素动态函数嵌入网络课程标准，开发课堂管理和评价工具，自动对网络课程教学内容和资源的利用率、学生学习时长等进行统计跟踪，促使教师根据系统数据不断优化教学活动和呈现内容。

促"互动率"激活教学模式向"点击率"要质量。系统用活动课程指标检验互动率，通过在线和移动的网上名医名师课堂、PBL、TBL、CBL小组讨论、答疑提高互动率。互动中产生的解决方案、精华帖子、优秀作业等新生长的个性资源的高点击率，提高了靶向资源的质量。同时，用优秀中医课程、资源、优秀教师和学生的成果来统计"回报率"。

2. 遵循规律、建构模型

建立以表3-5教学要素为变量的教学要素动态函数 $P \in M\{X(i), Y(j), Z(k)\}$ 集合，结合资源规划进行教学流程重构。

表3-5　教学要素分析

学习内容呈现/%	基于主题学习	基于案例学习	基于问题学习	基于项目学习	…
教与学模式/%	接受型学习	发现型学习	研究型学习	体验型学习	…
	传递接受模式	探究发现模式	问题解决模式	自主体验模式	…
学习活动方式（Z）	集体学习	个别学习	合作学习	协作学习	…

同时，以网络为纽带促进课程内容改革。采用O-F-O-F和O-O模式将中医临床名家经方验案纳入网络教学中，具体为用"以升麻鳖甲汤治疗再生障碍性贫血

等验案"在网上先由学生自己分析病情、确定治法处方，再与网络课程中的名家处方相比较，寻找其中的差距以及思维模式的差别，使学生在具体的病例中学习名家的临床辨治思路和组方规律（见图3-2）。

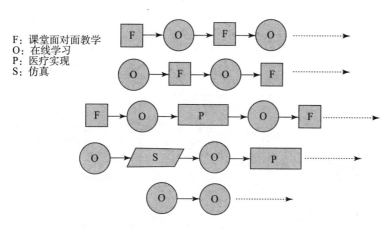

图3-2　中医网络教与学模式——不同类型学习过程结构的特征模型

3. 创设环境、系统推进

在资源规划前提下进行 BPR 教与学流程重构，建构三维度的阶梯形 SLA 体系，形成以中医为主导的教育技术生态环境的技术架构，并建成九系统18个平台（见图3-3）。

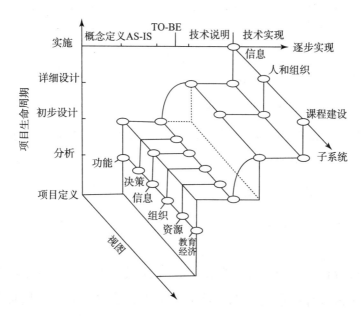

图3-3　阶梯形 CIM 系统体系结构（Stair-Like CIM System Architecture，SLA）

　　将图 3 - 3 的体系结构中的平台功能、决策方法、信息种类、组织结构、资源类别、经济基础映射到各个教学业务系统的信息、人和组织，通过生命周期的管理来完成。进行各种业务系统的 UC 矩阵分析，形成如图 3 - 4 所示的系统架构。

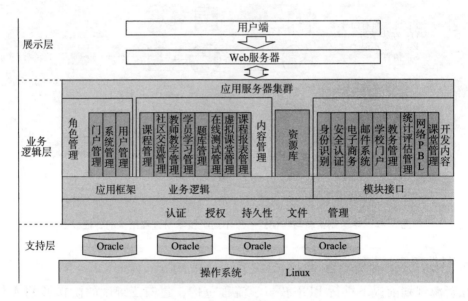

图 3 - 4　系统总体设计

　　利用教学要素动态函数开发评价功能模块、课程建设及使用情况统计模块、教务数据整合模块和课堂管理模块，并根据中医特色，开发网上音视频病案讨论、专家在线和实时评价等交互功能的网络 PBL 系统。

　　同时，在体系中引入一流名医、课程和资源。引入国内中医名家的《四大经典》讲座、国家级名老中医讲座、中医国家精品课程、优秀论文，包括该校任何教授等名中医实时门诊、讲课等视频和高等教育资源库等内容，并通过系统自身检验策略让有效资源以利用率的多少自动排行。

　　4. 实践探索创新的初步成效

　　由此构建的中医教育信息化生态环境在同类院校和行业中具有典型性，推广价值较大。

　　组合创新教育技术融合企业信息化的 SLA 体系结构。首次将企业信息化集成建模理论应用于中医教育信息化生态环境的架构中，建立了以中医信息化学习活动方式、学习呈现方式以及教与学模式为三要素的当前 AS - IS 模型；用 BPR 中的偏差矩阵分析法找到了偏差控制内容，重构了中医教与学流程，建立了未来 TO - BE 模型；

并由此制定了资源规划和技术方案，逐步形成了基于 CIM 系统的中医教育信息化三维阶梯形的 SLA 结构。SLA 结构由实施维、视图维和生命周期维组成。它很好地描述了理论模型到功能、决策、组织、信息、资源和教育经济信息化要素视图关系，为实现视图到平台架构的迭代找到了方法，用生命周期维中每一个项目的生命周期管理实现信息、人和组织、课程资源的生态融合。以教学要素为变量的动态评价函数集合 $P \in M \left\{ X \left(i \right), Y \left(j \right), Z \left(k \right) \right\}$ 很好地解决了体系中的资源的评价、评估及要素分析与调控的问题，从技术上实现了生态系统的自我平衡与发展。

聚合原动力、内驱力、平衡点和恒动力，形成"人－物－人"良生态有效教学体系动力源。以教师的原动力激发学生的内驱力，以教学要素为变量，动态评价并推动资源的开发与利用，即教学管理上锁定"点击率、利用率、互动率和回报率"，四率直接从行为上保障了科学调控多元学习体系，找到了"人－物－人"良生态循环的有效动力源。

六、教师综合运用网络媒体教学的新探索[①]

近年来，针对学生生活几乎与网络及社交媒体须臾不可分的现实，部分高校教师开始探索基于网络及社交媒体的互动式混合学习模式的运用。中山大学医学院孙立老师探索的混合运用教学软件平台及网络社交通信工具，使中医诊断学课程的教学呈现出全新形态的模式，取得了很好的教学效果。

中医诊断学是中医学的主干课，是联系中医基础理论与临床各科的桥梁课程。由于该课程有大量的学习资源需要提供学生们学习，传统的课堂教学已经无法容纳如此多的内容。随着多媒体、网络技术以及社交媒体（Social Media, SM）技术的迅速发展，一种基于 Blackboard 网络学习平台（简称 BB）并融入社交媒体技术的实时互动式混合学习（Interactive Hybrid Learning, IHL）模式在教学中逐渐形成（见图 3 - 5）。[②] 它突破了传统课堂的教学局限性，使学生在接受丰富教学资源和信息的同时，还可以在网络上随时随地的进行网络实时互动学习，使学习方式更加灵活，更加有效。这里分别从"教学微资源""多媒体题型应用"和"社交媒体教学"三个方面介绍其 IHL 模式在中医诊断学教学中的应用。

---

① 本案例荣获中国高等教育学会 2014 年度"信息技术与教学深度融合"优秀奖，作者：孙立，内容有删减。
② 孙立. 中医诊断学互动式混合学习模式的探索与实践 [J]. 中国高等医学教育. 2013, (11): 103 - 104.

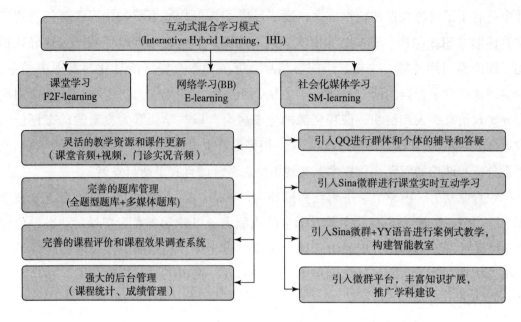

图 3 – 5   互动式混合学习模式

1. 基于 BB 的教学微资源的运用

BB 以课程为中心，集成网络教与学的环境，为教师、学生提供了强大的施教和学习的网上虚拟环境。[①] 中医诊断学在教学中会出现大量的文字、图形、动画、音频、视频，这对辅助教学起到很大的作用。这些多媒体资源很多都能在网络上寻找到，除了一部分能够满足教学使用外，尚缺乏有自己个性的适合教学的资源。

1）课程音频资源的运用

以往老师每次授课结束后，即使学生没有听明白或者开小差，老师也不太可能再多讲一遍。为了弥补学生的遗憾，老师将给学生的每一次授课都全程用 MP3 设备进行实况录音。课后用 MP3 splitter &Joiner 软件将音频按照课程专题分割成小片段的音频，并上传到 BB 中，供同学们课后轻松在线或者下载听录音回顾上课的内容。

2）课堂视频资源的运用

给学生们提供课堂音频，有时不能满足学生课后的需要，因为上课时演示的课件学生不能在音频中"看"出。通过屏幕录制软件，将剪辑后的课堂音频和 PPT 或网络课件重新组合在一起演示，并将这种演示录制成视频文件，并在 BB 上发布。这更加增添了学生们课后复习的兴趣，方便学生课后复习。

---

① 周红春. 基于 Blackboard 学习平台的混合学习模式的探索与实践［J］. 电化教育研究，2011，（2）：87－91，98.

3）门诊音频资源的运用

中医诊断学是一门理论联系实践的入门课程，在中医学专业大学一年级下学期开课。通常这个时候，大多数中医院校的同学们是不会有很多机会接触到临床的。调查发现，几乎所有中医专业的学生入学时就希望能够尽快接触到临床。作为中医专业学生的入门教师，又是一名中医临床医生，我们将中医门诊过程进行实况录音，并将门诊音频发布到 BB 上，供学生们使用，为案例式教学提供素材。

以上三种教学微资源不仅操作简单，方便实用，而且具有完全知识产权。课后调查（见表 3-6）显示绝大部分同学认为中医诊断学 BB 网络资源丰富。表 3-7 显示自制的音频视频资源得到大部分同学的使用。而且基于 BB 发布更加便捷，使用也方便，有利于学生的学习和复习。

表 3-6　中医诊断学 BB 网站资源调查　　　　　　　　　　　　　　%

评价＼年份	2011	2012	2013	2014
资源丰富	87.30	79.03	93.42	93.41
尚可	11.11	17.74	6.58	6.59
资源不充实	1.59	3.23	0	0

表 3-7　中医诊断学课堂音频、视频、门诊音频的使用调查　　　　%

使用情况＼年份	2011	2012	2013	2014
经常听，已经下载	19.05	8.07	32.90	29.67
偶尔会听，弥补课堂听课的不足	69.84	85.48	61.84	63.74
从不听	11.11	6.45	5.26	6.59

2. 基于 BB 的全题型题库和多媒体题库

1）有关全题型题库的运用

BB 有强大的题库管理功能，中医诊断学课程利用 BB 建立了完善的全题型题库。在此基础之上可以随机生成不同章节，不同题型，不同难度的测试题，全部作业已经做到无纸化，所有作业均直接上网完成或提交。学生可以在多次的作业中达到训练和复习的目的。

2）有关多媒体题库的运用

中医诊断学的望闻问切四诊资料运用多媒体技术（包括图片、视频、音频、动画等）可以很好地反映出来，这部分题型在传统纸质题型中永远无法实现。中医诊断学利用 BB 编辑出多媒体题库，比如关于面色、舌色、形体、动态、声音等多媒体题型。这种新颖的多媒题题型弥补了传统题型的不足。

3. 基于 BB 的社交媒体教学

BB 是学生网络学习的基础。在此平台上通过网络或移动工具（如手机、iPad等），将社交媒体（SM）网站的部分实时互动功能（如 QQ 群、微博群、语音群和微信等）有机融入网络学习中，从而可以满足学习者社会支持、实时交互和自主学习的需要。

1）引入 QQ 进行群体和个体的辅导和答疑

课堂学习和 BB 的网络学习中，学生们都会有不少的疑问。这些疑问如果在 BB 讨论版中交流，可能许久都得不到答案。随着即时通信工具 QQ 的普及，这个问题得到了改善。几乎所有的学生都会选择在 QQ 中随时提问老师，老师可以在线跟群体和个体进行实时互动辅导或答疑。

建立在 QQ 群基础之上的师生学习交流可以随时随地进行，老师可以根据 BB 中的课程统计分析结果，与学生们在 QQ 中进行群体或者个别沟通或者辅导。比如 BB 统计发现学生们喜欢在 21～23 点上 BB 学习，而且周一到周四比周末的平均访问量高，所以老师对学生的沟通或者辅导选择在周一到周四的 21～23 点是比较有效的。

2）引入 sina 微博群进行课堂实时互动

BB 提供了课后复习和课前预习环节，虽然全体同学都能参与其中，但是大部分都在课后去实现。课堂上的教学互动主要体现在课堂提问。由于课堂时间有限，通常一个提问只能让少数同学回答，大部分同学并不能直接参与其中。利用 BB，并融入 sina 微博群的实时互动功能，将每次课程前问题发布到专为同学们开设的 sina 微博群中，让学生利用移动工具（如手机、iPad 等）即时登录并回答问题，老师根据们每一位参与的学生答案进行课堂点评。这种课堂实时互动学习的优点在于，每位学生都能即时参与其中，不仅活跃了教学气氛，提高了同学们的参与度，而且所有同学的答案一目了然，增强了学生们相互比较学习的机会。

3）引入 sina 微群＋YY 语音进行课后案例式教学

中医诊断学是与临床联系非常紧密的一门基础课，对学生实际技能的训练要求比较高。然而现在的教学课时不断的缩减，面对面课堂教学时间对于理论课的传授都已经相当紧张，面对面的辅导和训练的机会就更少，严重制约了中医技能训练和辨证能力的培养。基于 BB，引入 sina 微群和 YY 语音，采用课后实时互动学习的方法，可以弥补实训的不足。

首先将医生的门诊实况音频放在 BB 上。同学们同时登录 BB、指定的 sina 微群和 YY 语音室中。老师将问题发布到 sina 微群中，同学们先在 BB 上听门诊音频，并在 si-na 微群中发布各自的答案。当同学们回答完作业后，老师通过 YY 语音软件进行实时评价。整个过程均采用录屏软件录制成视频文件并发布到 BB 网站上或者视频分享网站（如 youku、QQ 视频网等），使同学们训练结束后仍然可以看到本次案例式教学的全部内容。

以往到医院见习的案例式教学方式费时费力，而且学生们能学习到的案例有限。这种融入社交媒体技术的案例式教学，不仅操控便利、资源丰富，而且交互实时、教学方式灵活，每位同学均能在老师指导下参与其中，从而构建了不花钱的"智能教室"。

4) 融入微信公众平台丰富学习知识

中医诊断学是基础与临床的桥梁，同学们初学中医，不仅存在理解不充分，记忆也不深刻的问题，而且学习中医诊断后，往往对治疗和保健方法有浓厚的兴趣。我们在 BB 基础上，融入微信公众平台功能，建立微信公众号 SUNLITCM，将与学习有关的治疗和保健知识推送给学习者，以满足学习者的需求，丰富知识扩展，推广学科建设。

4. 互动式混合学习模式的初步效果

自 2009 级后，IHL 模式逐步运用并完善。教学调查表 3 - 8 显示，学生们认为 BB 功能明确、指导性强，资源互补、有利于学习，使用方便的占比三年均超过 90%；认为利用 SM 技术提高了学习兴趣的均超过 95%；学生们对这种互动式混合学习模式接受程度均超过 90%。

表 3 - 8　关于 BB 教学以及 IHL 模式的教学调查　　　　　　　　%

评价内容 ＼ 选项	同意			不同意			反对		
	2009 级	2010 级	2011 级	2009 级	2010 级	2011 级	2009 级	2010 级	2011 级
BB 功能明确、指导性强	96.08	100	98.39	3.92	0	1.61	0	0	0
BB 资源有利于学习	100	100	98.39	0	0	1.61	0	0	0
BB 更新及时、使用方便	94.12	98.41	96.77	3.92	0	3.23	1.96	1.59	0
利用 SM 技术提高了学习兴趣	98.04	98.41	96.78	1.96	1.59	1.61	0	0	1.61
学生们能接受互动混合模式	94.12	96.82	96.78	5.88	3.18	3.23	0	0	0

不同学习模式下的学科考试成绩比较（见表 3 - 9）显示，经统计学检验，与 2008 级的平均分比较，除了 2009 级平均分无显著差异外，2010、2011 级的平均分均有显著性差异。表明经过三年 IHL 模式的逐步完善，考试平均成绩不断增加。

表 3 - 9   不同学习模式下的学科考试成绩比较（$\bar{x} \pm s$）

学习模式	年级	人数	平均成绩
课堂学习模式	2008	51	75.93 ± 10.39
IHL 模式	2009	49	79.27 ± 9.83[#]
	2010	75	80.49 ± 11.09[*]
	2011	63	84.59 ± 8.46[△]

注：与 2008 级比较，#表示 $p > 0.05$，* 表示 $p < 0.05$，△ 表示 $p < 0.01$

以上结果均说明，IHL 模式能够被绝大多数 90 后的学生接受。充分有效的运用多媒体网络技术，有机融入新型 SM 技术，对于提高教学效果有较大的促进作用。

七、高校网络教学资源平台的创新设计

随着现代信息技术的发展，网络教学资源平台已成为数字化校园建设的重要方面，也是衡量高校数字化程度的重要标准。网络教学资源平台能够实现教育资源的共享，使得学习过程不受时间、空间的限制，为构建学习者自主性学习活动提供服务支持。但当前的网络教学资源平台却面临着学习内容、学习情境、学习资源、评价体系等方面的设计不符合学习者个性化需要的问题，这些问题在某种程度上阻碍了自主化学习活动的进行，成为当前网络教学资源平台建设亟待解决的问题。为了破解我国当前网络教学资源平台建设中的这些普适问题，河北农业大学进行了建构主义学习观指导下的"中级西方经济学"网络教学资源平台创新设计。

1. 关注整合学习资源的平台建设

学习资源是指与问题解决有关的各种信息资源。为了更好地理解问题和建构自己的智力模式，学习者需要知道有关问题的详细信息。学生只有在占有大量信息的基础之上，才能更好地自主学习，形成意义建构。丰富的学习资源是建构主义学习的一个必不可少的条件。网络课程对学习资源进行设计时，必须详细考虑学生要解决这个问题需要查阅哪些信息，需要了解哪方面的知识，从而建立系统的信息资源库，或者推荐给学生一些相关网站，便于学生获得学习信息。

所建立的资源库要与学习者学习的内容紧密联系，能收集或提供相关题库、相

关文章的资源库或网站,可以促进学习者对知识的进一步理解和巩固。如果对学习资料不加选择,全盘地搬到资源库中,不仅浪费学生查阅资料的时间,而且使学生不容易把握学习重点,导致学生低效率学习。枯燥的学习容易引起学习者疲劳厌烦情绪,所以网络课程在设计时,可以提供一些具有趣味性同时兼备启发性的学习资源,在娱乐中引导学习者主动思考问题,从而引起学生学习兴趣,调动起学生学习的积极性。

"中级经济学教学资源平台"满足了教师针对性教学和学生自主性学习的需要,具有普适、共享、兼容的特点。教学平台开发了教学服务共享的网上教学环境,直接面向学生,体现了教学方法的改革和教学内容的创新,以适应新形势的发展。教学资源库中收集大量的经济领域学科前沿动态信息、电子课件、试题库和精品课资源,成为经济专业的学生了解并掌握相关领域的学科动态的瞭望平台。

2. 服务于教师指导的平台设计

建构主义提倡教师指导下的以"学生"为中心的学习。它强调以学生为中心,但并未忽视教师的指导作用。学生是信息加工的主体,是知识意义的主动建构者,教师则是教学过程的组织者、指导者,教师要对学生的意义建构过程起促进和帮助作用。因此在以学为中心的教学设计过程中,在充分考虑如何体现学生主体作用、用各种手段促进学生主动建构知识意义的同时,绝不能忘记教师的责任,不能忽视在这过程中教师的指导作用。助教作为教师与学生的中间环节,应为其设计特定的教学功能与权限,以及特定的教学引导手段,包括教学建议、学习评估、疑难解答、在线交流等,利用这些技术手段,可实现助教与学生平等的交流。借助于网络通信技术,可以有效实现不同的学习者之间的协作学习,实现社会性学习。同时,将学生划分为班、组等结构,以便形成不同规模、不同目的的协作学习。

在教学资源平台的设计中,充分考虑了教师指导的交流手段。学生可以通过 E-mail、QQ、Blog 等直接与老师交流,针对课程中的一些问题和案例的讨论可以通过在线留言、论坛的专门讨论区进行讨论。而教师可以通过积累学生的问题,进行教学改进。

电子邮件主要用于教师向学生布置任务,以及学生上交论文或作业。QQ 等即时聊天,可以满足实时交流的需要,在约定的时间内,实现单人或多人的对话,主要用于课下的课程讨论,或班级会议。博客可以实现教师个性化的知识管理,将有价值的内容、研究方向、学科领域的新闻动态推荐给学生,学生可以通过 RSS 订阅自动获取这些信息。

在案例学习中，学生可以在平台在线留言，等待老师或同学的指导。也可以参与到针对具体某一案例的论坛中，进行讨论，或看其他同学的解决方案，思路等。

总之，运用这些交流方式，有利于改变教学组织形式，学生的学习形式将是个别学习、在线交流、小组讨论等，而教学活动的组织形式也由传统的课堂教学转变为面向解决问题的探究活动和面向知识运用的实践活动，符合当前课程改革的发展方向。

3. 推进学生自主学习的平台特色

为了便于学生的自主学习，教学资源平台在页面设计以及栏目导航上，尽量进行了简化，减少了网页层次，在主页最上边是教学资源平台的导航栏，左侧是友情链接和主讲教师的联系方式，中部是自动更换的图片和内容介绍。

学生在课堂讲授以后，可以根据平台提供的教学大纲和教学方案，自行下载相关课件，查阅课外资料，学习到经济学的理论基础。在系统阐述有关经济学理论的同时，在教学的设计上，每章都会有一到两个真实案例，作为课后的习题，这些案例，是精心挑选的经济学时事。通过模拟或者重现经济学中的一些事件，让学生通过研讨来进行学习。教学中通过分析、比较，研究各种各样的成功的和失败的经济学案例，从中抽象出某些一般性的结论和原理，让学生拓宽自己的视野，丰富自己的知识。在解决问题的过程中，学生可以通过网络工具，与导师交流，或者参加定期的网络论坛讨论，在导师或高年级学长的指导下自己发现问题、提出问题、分析问题、解决问题，提高观察能力和思考问题的能力。

通过这一平台，学生除了能了解教学的相关内容，还可以通过进入精品课程网站复习本科阶段的知识，了解导师的研究方向，还可以进一步了解博士阶段学习的相关内容。

八、项目教学法在网络课程中的创新应用

近年来，我国高等职业教育非常重视教育教学改革问题，提出了以市场为导向的零距离就业的教学模式、校企合作的订单式培养方案、工学结合的教学改革等。宏观上的措施遵循了职业教育发展规律，体现了技能型人才培养的职业教育特色，但微观上仍存在一些有待改进的问题，比如以教师为中心的教学结构和班级授课制的教学组织形式，不能够因材施教，尤其不利于处于前后两极的学生的学习；由于授课时间有限，教师忽略了鼓励多样答案的出现，不利于学生创造性、求异思维的

发展；学生作为一个集体接受同一位教师的教学，但学生以自己的方式理解相同的内容，彼此间很难有机会合作，不利于学生合作意识的培养。

正是针对上述传统教学中存在的种种问题，深圳信息职业技术学院经过近 10 年的建设与实践探索，积累了丰富的教学资源，优化了教学内容，创新了教学模式和教学方法，包括创建项目教学模式、实施"教师导学——学生自主学习和协作学习"相结合的教学方式、多元化考核评价方式。该校的"项目引领式 SQL Server 数据库开发"网络课程作为学校网络教学创新样板课程之一，在课程内容组织和教学实施两方面进行优化与创新，从而在因材施教、鼓励学生自主学习、提高学生学习能力和综合素质等方面，取得了很好的效果。

1. 课程资源的积累与内容的优化

"项目引领式 SQL Server 数据库开发"是计算机及相关专业的一门实用型主干课程，对应专业的核心能力包括通用能力、专业能力。通用能力主要是编写程序、软件工具应用等能力。专业能力则包括网络系统维护、网站建设、软件测试、数据库管理等方面能力；其中的数据库管理能力又包含数据库操作能力和数据库开发能力。帮助和培养学生掌握数据库操作能力和数据库开发能力正是这门课程的能力目标和学习目标。

1）关注课程资源的积累

该网络课程从 2005 年开始建设，到 2014 年已持续建设、优化、实践近 10 年的时间，积累了非常丰富的教学资源。首先是应用时间长，累计教学近 3 000 学时，记录了完整的课程建设过程和教学实施过程；其次是课程资源丰富，包括多种形式的多媒体资源、网络资源、企业调研资源；再次是用户多，同时面向近 2 000 个学生授课；最后是交互性强，真实记录了近万个问题的交流与互动。

2）关注课程内容的优化

这门网络课程不是只将课本的知识搬到网络上，将教学文件信息化，而是基于工作过程系统化的教学理念对教学资源进行合理的组织和设计。栏目遵循教学设计进行分类、排列；强调突出关键内容，以吸引学生，鼓励学生挖掘更深层次的内容。

经过不断的积累、改革、优化和创新，形成了独具特色的网络课程内容体系。网络课程内容的设计和展示，基本做到了总体构思新颖，思路结构清晰，内容组织精细，正文格式美观，页面简洁大方，在教学过程中得到了学生的一致好评和喜爱。具体内容展示如下：在教学内容部分，设置课程最核心的内容，综合运用多媒体技术（如 Flash 动画，StreamAuthor，音、视频技术，html 动态选项卡等）展示课程网站的内容，激发学生的学习积极性。在课程资源部分，利用多种类型的媒体资源和丰富的网络资源、企业调研资源，充分体现网络课程的优势，提高学生的学习兴趣。关注辅助教学部分，为学生提供便捷的操作方式，以及帮助学生及时了解教学过程中的相关信息。在师生互动部分，包括同步互动和异步互动工具，均在这门网络课程中得到充分使用，打破时间和空间的限制，活跃教学气氛，促进师生互动与生生互动。同时，在评价测试部分，建立全方位、多元化的考核评价体系，突出学生的主体地位，注重学生综合素质的发展。

2. 进行教学模式的优化与创新

高职教学的目的不在于让学生掌握更多的课堂知识，在起决定作用的期末考试中获取高分，而是让学生的知识面更拓宽一些，思路更灵活一些，学生的思考更多一些，学习兴趣更浓一些，主动性更高一些。学习的目的不是期望学生一定能给出完美的答案，而是鼓励学生参与，提高学生综合运用专业知识的能力，这才是成功的教学。而现有的网络教学中，尽管加入了网络的因素，但仍以教师讲授为主，教师仍居于主导地位，学生居于被动地位。正是基于这样的原因，网络课程"项目引领式 SQL Server 数据库开发"在教学实施中进行了改革创新：一是创建项目教学模式，二是实施"教师导学——学生自主学习和协作学习"相结合的教学方式，三是改革创新考核评价方式。

1）创建项目教学模式

所谓项目教学模式，就是师生通过共同实施一个完整的"项目"工作而进行教学活动的一种教学模式。这里的"项目"是指生产一件具体的、具有实际应用价值的产品，它应满足这样几个条件：工作过程可用于学习一定的教学内容，具有一定的应用价值；能将理论知识和实际技能结合在一起；与企业实际生产过程有直接的关系；有明确而具体的成果展示。项目教学是一种能够很好地应用于实验性、实践性与操作性较强的教学内容的教学方法，能较好地激发学生的学习兴趣和求知欲望，培养学生自主学习、分析问题、解决问题的能力。

"项目引领式 SQL Server 数据库开发"作为一门计算机专业类课程，主要任务是培养学生的实际操作技能和动手能力，基于 BB 网络教学平台，很适合应用项目教学模式进行教学，同时，能够在平台上记录学生完整的学习过程。因此，该网络课程总共划分为数据库设计、数据库和表的创建、数据库基本操作、数据库日常维护和管理、数据库应用开发等 5 个学习项目。每个学习项目中又包括若干个子学习项目，每个项目均采用"教师导学——学生自主学习和协作学习"相结合的教学方式完成整个学习过程。

2）实施"教师导学——学生自主学习和协作学习"的教学方式

这里以学习项目 1"数据库设计"为例，展示"教师导学——学生自主学习和协作学习"相结合的教学方式的实施过程：

一是教师导学，教师为学生提供面对面的辅导，包括网络教学平台的使用、每个学习项目的最后进行总结和点评、优秀案例的展示以及引出下一个学习项目，起到承上启下的作用。同时，通过制定总体学习目标、学习情境目标、小组学习目标、不同层次不同阶段个人学习目标对学生的学习进行监控。二是学生自主学习和协作学习相结合。相互协作、自主学习完成学习过程，可以培养学生综合学习的能力，让学生在实践中学会学习和获得各种能力。

此外，为便于学生自学，激发学生进行自主学习，该网络课程还创建了虚拟学习社区，进行广播式教学，通过网络教学平台提供的虚拟课堂工具开展异地实时授课，形成一个跨越空间的虚拟教室，为师生提供交流与协作的平台。

总之，计算机学科教学的一个重要特色是操作性。在传统的课堂教学中，教师向学生传授知识技能，从教学内容、策略、方法、步骤，甚至学生做的练习都是教师事先安排好的，学生只能被动的参与这个过程，整个过程都是以教师的主观意识为主，学生完全处于被动地位。而"项目引领式 SQL Server 数据库开发"网络课程利用网络教学平台这种交互式的学习环境，学生可以按照自己的学习基础和兴趣来选择适合自己的学习内容，选择适合自己水平的练习，可以提出平时在课堂上难以启齿的问题，形成一个轻松的学习氛围；同时，学生可以获得丰富的多样化的教学资源；尤其是学生从听讲、记笔记的学习方式更多的变为观察、实验和主动思考，调动了学习的积极性和主动性，从而提高了自己的学习能力和综合素质。

3. 配合平台建设的考核评价体系创新

传统教学中，对学生的学习评价是由教师通过最终的考试成绩给出的。学生只有被动地接受评价，非常不利于学生主体的培养和发展。而"项目引领式 SQL Server 数据库开发"网络课程采用全方位、多元化考核评价体系，突出学生的主体地位，提高学生的学习积极性。

一是过程性评价和总结性评价相结合。过程性评价包括平时作业、单元测试、期中测试、大作业的考核等；总结性评价为最终的考核和作品成果展示等。二是量化评价和非量化评价相结合。量化评价为跟踪统计学生上下线的时间，交流信息、练习测试的时间，查阅的问题，访问的网站。非量化评价是指学生在自主学习、协作学习中表现的学习态度是否积极，是否多次参与学习的讨论交流，是否针对学习中的难点疑点提出问题等。三是他人评价和自我评价相结合。在传统的教学活动中，这种形式的评价很少。在该门网络课程中，自我评价和评价他人以及接受别人的评价，是学生学习的动力源泉，充分体现学生的主体地位，能够激发学生的学习积极性。

总之，"项目引领式 SQL Server 数据库开发"网络课程以高职教育教学人才培养目标为准绳，以教师帮助为主导，以学生自学为主体，积极倡导学生自主和探索的学习方式，实现开放式、个性化学习，链接交互式学习的应用，取得了很好的教学效果。作为荣获 2008 年全国优秀网络课程设计大赛唯一最高奖的课程，在今后的教学中，要进一步本着面向社会、针对岗位、强化能力、促进发展的原则，不断调整教学策略，真正做到因材施教，更加注重培养和提高学生的实践能力，培养他们成为社会需要的技能型应用型人才。

九、"Clicker 系统" 中的课堂互动教学

学生参与课堂教学活动的主动性和积极性是提高课堂教学效果的重要因素，然而目前中国高校大学课堂学生的参与学习的热情不高，其中一个主要问题是教师很少对学生的学习表现给予及时的口头或书面反馈。对学生的学习给予及时有效的反馈是教师的基本职责，是生师之间最基础的互动模式，然而目前高等学校的课堂教学普遍是大班教学，教师普遍遵循着讲清－总结－练习的传统模式，课堂有效互动成为难题，即使互动也只能惠及有限的几个同学，教师很难及时把握班上所有同学的学习程度，及时有针对性地调整教学进度或教学策略。

北京邮电大学"高等数学"课程教学组在教学中引入 Clicker 互动教学系统，改变了传统课堂的教学手段和模式，促进学生主动参与知识的建构过程，有效地调动了学生的积极性。

所谓的 Clicker 系统主要由一个无线主控基站、学生手持键盘和一套数据处理软件所构成。它能传输和记录学生对问题的回答，教师可以从大班学生回答问题的即时反馈信息（而不是个别提问学生的反馈信息）了解学生的学习状态，以便更好地进行师生互动，及时调整教学状态。

1. Clicker 系统使用流程特点（见图 3 – 6）

（1）进入课堂学生利用手持键盘登陆，教师电脑上会显示学生的到课情况。

（2）教师讲解教学内容，适时给出让学生思考的题目，让学生作答，在这时 Clicker 能设定答题的时间，即时显示学生答题的进程（包括哪位学生用多少时间给出的答案），答题时间结束后还会显示学生的答案统计。即时了解学生对学习内容掌握情况，调整教学。

（3）教师课后可以对课上学生作答情况进行分析，通过数据深度挖掘，进一步了解学生对每个知识点的掌握情况，使得教学研究由定性分析转向定量分析。

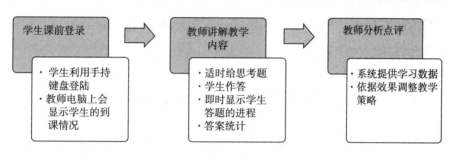

图 3 - 6　clicker 系统使用流程

2. 引入 Clicker 系统加强课堂互动的探索

北京邮电大学"高等数学"课程引入"clicker 系统"，每个学生配备一个新的信息技术工具 clicker，形成一对多的适时学习反馈环境，学生借助"clicker 系统"神器同时、同步回答老师提出的问题，"clicker 系统"即时、全面地获取课堂教学中的生成信息，提供给教师；教师借助"clicker 系统"的慧眼适时洞察全体学生对学习内容掌握状况，适时给予分析与点评，全体同学及时得到老师的评价与反馈，在大规模的课堂上，每位同学都可以参与进来，老师的提问可以立即取得每一个人的回应，同步实现与教师的点对点互动。这种以学生为本，引导学生将自身经验带进学习过程中，通过参与互动，营造"问题"氛围，引发学生探求欲望，激活学生内在学习需求，培养学生独立思考、解决问题能力的教学方式，受到学生欢迎。在实践中发现：

（1）Clicker 系统引入课堂教学互动环节，提升全体学生的知识关注度和学习能力，课程考试不及格率降低，取得有效教学成果。

（2）使用 Clicker 系统对中等程度的学生帮助最大，他们成绩提升最快。

（3）Clicker 教学方式下男生成绩提高较快。可见 Clicker 教学对男生的帮助效果更为明显，这一结果与国外刚好相反。

（4）学生对 Clicker 教学方式普遍欢迎。现代化设备引入课堂不仅使课堂充满乐趣，气氛活跃，及时反馈也使学生有压力也有期待，调动学生主动参与课堂教学活动的积极性，学生翘课现象少了。

3. 引入 Clicker 系统加强课堂互动的体会

1）理念转变是前提

由"教书"转化为"教学"，由"主演"转变为"导演"，由"知识传授"转变为"能力提升"。

2）优化设计是保证

问题导向架构知识体系，精设选题引导学生积极思考，恰当互动方式实现知识和经验的共生共享。

3）数据分析是升华

教师对 Clicker 系统收集的课堂教学数据进行分析与解读，可以跟踪了解学生学习行为、思维特点、学习效果，从而更有针对性地设计课程。

总之，在先进教育理念引领下，利用互动反馈信息技术助推互动式教学模式改革，使大班上课的互动教学不受时间、空间、人数的限制，师生、生生点对点、点对群、群对群交叉互动，不仅达到小班教学个性化指导的互动效果，还让学生得到传统课堂教学所无法实现的多维同步互动全新体验。

4. 关于改进完善新教学模式的思考

1）坚持系统功能升级，满足课堂教学不同互动形式需要

目前的 Clicker 系统应用较多的功能是"讲授互动型"①，通过老师提问，对学生答题进行控制与反馈，实现了老师与学生群体的点对点互动。对于"讨论互动型"②"情景互动型"③ 的点对群、群对群的多维交叉互动的应用功能仍需进一步开发。

2）注意系统功能拓展，满足不同学科教学互动需求

目前课堂教学互动系统在人文类课程，如英语、思政、艺术等应用较多，而在理学、工学等类课程教学中应用较少，由此引发思考、推导、探究性质的互动的信息收集与反馈，不是快速答题方式能客观获取的，需要有新的思路和新的技术。

3）关注开发手机版 APP，解决应用普及问题

目前课堂教学互动系统的应用需要配备专门设备，严重地制约了应用的普及，其中设备投入资金、维护管理等存在不少难以解决的制度障碍，开发手机版 APP 软件，在不需要另外增加投资的情况下，不仅解决人人手持设备的问题，而且可以将

---

① 教师在讲授知识过程中，为了了解学生对知识掌握情况而进行互动。
② 强调学生为主体，为培养综合能力等素质而进行的互动。
③ 一种通过形象设计，采取表演形式的教学互动，能够让学生在学习知识过程中，得到情感体验和社会认同。

移动互联网、大数据、云计算结合起来,与高校课程网站、微课、"慕课"、结合起来,与微信、飞信、QQ 等结合起来,通过线上线下、课内课外、校内校外全方位互动,促进学习过程中的各个要素动态、适时、多维互动。

4)加强信息技术环境下课堂互动有效性策略研究

课堂互动的有效性和上位概念"教学有效性"的本质应该是一致的,互动有效性策略选择应体现在三个方面:第一,学生的学习效果与师生教学活动在时间、精力和物力投入的对比达到较为经济的水准。第二,学生学习的主动性能在师生互动过程中得到有效的培养和发挥。第三,课堂教学互动的运用也涵盖了学生的情感体验和价值观学习[①]。

十、网络环境下案例教学法的创新应用[②]

新闻传播类课程的应用性与实践性很强,近年来,案例教学在国内开设传媒类专业的高校得到了普遍认同并付诸实践,无论是案例教学理念的推广、案例教学过程的探索还是案例教材的编写、案例库的建设,都有相应的成果。广东金融学院财经传媒系聂莉老师在讲授相关课程时发现,以管理学、法学等学科为代表的传统的案例教学方法与过程并不完全适用于新闻传播学专业的教学,不同学科有不同学科的特点,同样是案例教学,需要根据学科专业自身的特征,创造性地改进方法,大胆进行试验,摸索一套适用的案例教学法;以"财经新闻报道"课程案例教学中的尝试与体会为例,提出依托网络环境的实时动态案例教学创新理念与方法。

1. 新闻传播专业案例教学中突出的时效性

新闻传播专业的实践性决定了实施案例教学不仅是可行的,同时是必须的。新闻传播专业的案例教学过程高度类似"新闻实习"的过程,以案例呈现事实为基础,让学生带着问题去思考和分析,激发学生主动思维的兴趣。可以说,像新闻策划、新闻采访与写作、新闻编辑等这类应用新闻学的课程都非常适合进行案例教学。

在新闻传播类课程的教学中我们会发现,尽管开发过往的经典新闻报道案例在理论教学上很有必要,但如果对案例的选择及对业务技能的传授一直保持与实践前沿最新动态对接,教学效果会更好。新闻案例要不断调整与更新,确保学生能通过

① 张肇丰,促进课堂有效互动—第三届有效教学理论与实践研讨会综述。
② 本案例由广东金融学院财经传媒系聂莉提供。

课堂教学了解一线的最新变化，以保持新闻专业教学实践性和前沿性的特点。与法学、工商管理类专业一个经典案例可以用几个学期、几年甚至十几年仍适用不同，新闻每天都在发生，新闻事件本身为案例教学提供了源源不断的新鲜的信息资源，这种即时性与丰富程度又是其他学科专业的案例信息源很难比拟的。

采用具时效性的案例教学，教师直接在正在发生的新闻事实基础上设计新闻策划、采访、报道、编辑的背景，实施分析讨论，引导学生思考与判断，解决问题，培养能力，缩短了教学情景与实际情境的差距，有助于学生把对理论的学习真正建立于新闻实践之上。实时案例作为沟通现实世界与学习世界的桥梁，无疑可促使学生更快地适应工作情境的挑战，这对他们来说，是今后从事传媒相关工作的极其重要的课堂训练。此外，与组织学生亲自参加的现场采写的"体验式教学"相比，在课堂教学中实施实时案例教学，是最节约时间、费用成本的"社会实践"，组织得当，它可以最小的消耗获得较大成果。

因此，新闻传播专业的案例教学与其他专业相比，更具时效性、更贴近现实，也更需要因地制宜，更注重开放性与启发性。

2. 基于网络的动态案例教学创新理念

正是由于上述的专业特征，新闻传播类课程的案例教学特别格外强调——动态、时效性。而网络环境为实现新闻传播类课程的案例时效性提供了支持与充分的可能。

所谓新闻传播课程的动态案例教学，即是案例教学基本与新闻现实情景或媒体现实报道同步。这种动态的案例同步可以采取两种方式：要么追踪当前最新最热的新闻事件作为案例材料来组织教学，将媒体正在报道的新闻事件作为素材或题材，引导学生讨论与进行新闻业务操作；要么直接选取一到两种具代表性的主流媒体作为案例，课程教学全程与该媒体的实时报道同步，全程跟踪与围绕该媒体的报道来展开教学，因为一种媒体上的各类报道、各个版面/栏目实质上涵盖了包括策划、采写、编辑、评论在内的所有教学内容。比如，在"财经新闻报道"课程的案例教学中，把握两条主线，一条是无论财经新闻的策划、报道还是编辑、评论，基本采用授课期间现实中发生的同步的财经新闻作为案例材料，包括重大财经事件的跟踪；另一条是基本围绕《经济观察报》与英国《金融时报》的FT中文网这两个财经媒体的实时报道为案例来组织讨论。

动态的案例教学，最大化地发挥了新闻时效性的特点，充分调动学生对当前财经问题的关注与兴趣，使整个课程的教学与当前现实紧密联系，学生置身于一种真实的新闻情景中，整个过程无异于实习的过程，不但训练了他们的新闻技能，更重要的是培养了他们的新闻敏感，而对新闻的洞察、感受与判断能力是传统的在时间上滞后的教学方法很难达成的。

动态案例教学既与新闻传播学科本身实践性的基本特征相吻合，也符合青年学生对新生事物好奇求知的心理特征。无疑是针对本学科本课程的特点，对案例教学的一种创新与尝试。

3. 网络环境下课程教学实践过程及其效果

要实现案例教学的动态化与实时化，就必须要依托网络环境。在"财经新闻报道"课程的教学中，做了一些有益的尝试。

开设"财经新闻报道"课程，教学目标与宗旨是使学生掌握经济新闻的基本理论与财经新闻报道的实践方法与技巧，实质上就是要培养学生对"财经事件""财经问题""财经现象"的敏感度。"财经敏感"包括两个层面的内容：一是对财经新闻信息的敏锐观察力和理解力，二是对财经新闻信息的完整表达和有效传播能力。只要解决了学生对财经领域的信息由不关注到关注、不思考到思考、止于表层到深入其中的问题，可以说教学的主要目的就基本达成了，而这个过程如何能在短短的一个学期的课程教学中完成呢？不断地训练、主动地养成是至关重要的。这其中网络环境下的动态案例教学可以发挥非常积极的作用。

因此，尽管"财经新闻报道"原本并不是实验课，但为实现动态教学的目的，必须在网络环境下进行，聂老师要求安排在多媒体网络实验室进行。网络环境与教学间的融合主要体现在三个方面：

（1）充分利用多媒体演播环境与网络，实时训练学生。

在教学中，聂老师设计了一个每周财经播报的环节，要求学生每周上课时把上周发生的最热点的、最重大的财经新闻做一次播报，约十分钟，以小组为单位准备，播报的形式多样，最好使用多媒体或视频。

学生播报完后，直接播放一段网络电视台实时财经新闻节目，通过比照，由老师现场点评，主要是评价他们对热点、重点信息的把握，对财经新闻事件的呈现，并就这些财经新闻提出教师的看法。这个环节放在每周课的一开始，每次由一个小组进行播报。

经过一个学期的训练，效果明显，很多学生之前从来不主动接触财经信息，通过训练，逐步对财经信息有了浓厚的兴趣，甚至有些学生可以尝试进行较深度的财经评论了。

（2）通过网络，使课程内容与现实财经生活同步。

在整个课程教学过程中，聂老师选取的全部案例几乎都是与当前财经领域的新闻事件同步的。比如，在讲授"财经新闻策划"一章时，恰好苹果公司创始人乔布斯去世，当时无论是平面媒体、广电媒体还是网络媒体都对这一新闻予以了全面报道，聂老师以网络上各家各类型媒体对此专题的新闻策划为例，讲述了财经新闻策划的选题与设计，并与他们讨论，就此题还可以如何策划后续的系列报道，并引导学生关注之后各媒体的相关报道进度。

又如，在讲到如何直接根据经济数据形成财经报道的内容时，聂老师选取了网上新鲜出炉的当前三季度房地产统计数据来讨论房价的拐点问题，引导学生关注除国家统计局外其他的一些机构发布的数据，如何从中国指数研究院、房地产上市公司的网络数据中得出不同的判断。

在讲授到"经济现象的非经济视角，非经济现象的经济视角"时，聂老师启发学生关注最近的两条网络新闻，一是在韩国举办的"第二届亚洲诗歌节"，二是中国商人欲购买冰岛1/3的土地，提出能否把它们联系在一起的问题，激起了学生热烈的讨论，最终带出《经济观察网》是如何将这两则新闻联系到一起的优秀财经报道案例。

又比如，在讲到"资本市场的专业报道"时，就财新网的阿里巴巴纽交所上市前后系列专题报道，将资本市场报道中的题材点做一一分析，不但让学生了解了如何做热点上市公司的报道，同时通过案例也让学生实时地掌握了像"ADR"（美国存托凭证）、"VIE架构"（可变利益实体）等这些资本市场的专业概念与知识。

网络环境下的案例教学方式，充分地调动起学生关注当前热点财经信息的积极性，用最新最鲜活的案例，营造一种即时当前的财经信息环境，因为很多事件还在变化发展中，容易激发兴趣，引发思考与讨论，宛若身临其境在进行新闻实习操练。

（3）教学效果及继续教学创新的思考。

再进一步，也是最体现和检验教学效果的一步，就是让学生利用网络将学习成果进行输出，鼓励学生设计并开设财经专题网站，仿照财经媒体设置网站的基本栏目，比如新闻、评论、专栏、观察等，将课程所学直接运用于财经网络媒体的实践中，甚至这已经是将财经新闻与网络传播技术相结合的综合试验了。并且将其挂在财经传媒系主页的学生作品栏目之下，不但是学生学习效果的体现，也是对学生学习成果的展示。对学生而言，非常有挑战性同时极具应用性。

基于网络环境的动态案例教学创新虽然效果良好，但在具体操作与实践中还存在一些困惑、有一些关键性技术问题需要解决。最关键的问题在于：这样的教学对教师的要求比较高，不一定所有的教师都能适应，因为案例与现实对接，信息更新速度快，需要教师随时随地关注各类相关信息，随时调整与补充教学内容，而且要有较强的驾驭讨论的技能，工作量与付出是比较多的；其次，按照传统的案例教学程序，案例教学的文件（如教案）内容是相对固定的，而动态案例教学的案例内容一直保持与网络最新动态对接，需要随时调整，更新太快太频繁使案例材料按传统方式来编写不可行，使案例库的建设极具挑战性。

如何以滚动推进的快速更新的案例库建设来支撑教学，还需要寻找一种切实可行的解决方法。聂老师目前也在思考，是否可以尝试开发网络教学与动态案例教学相结合的教学软件，利用网络比如主流财经媒体网站本身的即时案例来跟踪教学，让案例教学与网络新闻同步的同时，建立起不断滚动更新的强大数据库。

可以说，在"财经新闻报道"的课程教学中进行动态案例教学的创新，取得的教学效果是显著的，比传统的案例教学方式可能更加适合新闻传播类课程的教学特质，但目前仅是走出了第一步，做了初步的尝试。如何将这种方式更加规范化、合理化、科学化，特别是如何解决上述的两点关键性操作问题，使其更为适用和可推广，还需要进一步的思考、改进与优化。

关于如何将网络技术更好地融合于动态案例教学过程，如何充分利用网络技术为开发实时案例教学资源服务的问题，还需要把它作为一个案例教学改革的课题来深入研究。目前这在同类专业的教学实践中还是一块空白领域，对此的进一步深入探讨与创新实践，无论是对推动新闻传播专业教学的发展，对拓宽案例教学法的路径，还是对信息技术在新闻传播专业教学中的运用都是有一定理论价值与实践意义的。

第四篇

现状调查与分析

——推进"融合"的实践进展、师生体验及初步成效

信息技术与教学的深度融合，需要结合教学活动的各类需要综合使用多种信息技术。大多数教师的信息技术应用能力薄弱，特别是运用信息技术的教学设计能力尚有很大的提升空间，而教师们常常缺乏相关资源、时间与精力，许多现实问题实际制约和影响着信息技术与教学融合的程度。为了全面了解掌握我国高校教育信息化与教学融合的基本情况，课题组自行研制了问卷，在 2010 年 6—9 月期间，对 257 所高校开始实施调研活动，分别从教室硬件设备配备、新教学技术的应用、网络教学平台建设、课程网站的使用情况、信息化建设对高校教学影响的评价、高校教师对于数字化学习的需求分析、大学生网络生活场景等方面进行了问卷调查、访谈和分析。课题组于 2015 年 3 月 28 日—4 月 5 日和 2015 年 3 月 23 日—5 月 8 日，分别对来自 19 个省的 40 所高校的 83 位高校教师以及通过中国大学生在线网站、邮件、微信群对大学生进行了问卷调查与分析。同时对比分析了我国高校信息技术与教学深度融合方面的优秀案例，希望能深入考察信息技术与教学深度融合的情况。

一、现代大学校园中网络生活的新形态

当前大学校园生活可谓精彩纷呈，与网络时空的存在密不可分，为了更好地呈

现当前大学校园网络生活的真实状态，课题组采用了现象学的研究方法对其进行了现象描述，以期窥视其奥秘所在。

1. 关于校园信息化的不同场景

场景之一：

当你在网络浏览器的地址栏中输入P大学的域名并点击输入之后，电脑屏幕上很快出现了一个朴素的网页，其中左侧那个占据总页面三分之一大小的图片栏会伴随着网页的刷新而不断呈现出其古色古香的校园风景照片，这或许是P大学网站首页上最引人注目的内容。除此之外，网页上呈现的其他内容无非是"公告新闻""学校简介""教学科研"之类，并无新奇之处。尽管P大学网站主页每日的访客数量通常都在数万名以上，但绝大多数访问者所不知道的是：在这张平淡无奇的主页背后，正在昼夜不停地运行着30余个管理信息系统，为整个学校的管理、教学、科研和对外交流等工作默默无闻地提供着服务，支撑着整个学校的运行和管理……

当一名新生在入校报名时，他/她就会获得一个在4年上学期间不变的校园门户账号和密码。利用这个账号，学生可以在网上选课、查寻成绩、给饭卡注费，甚至向老师提问、提交课程作业……诸如此类，直到学生毕业之后，其相关信息则会自动转入该校的"校友信息管理系统"。同样地，当一名新教师报到之后，他/她也会获得一个校园门户的账号。利用这个账号，教师可以查寻自己的任课课程、学生选修情况、科研经费、工资等，甚至职称申报等。而对于行政管理人员来说，办公自动化系统也支持着整个学校的发文、公告、通知和相关工作信息交换等。

从某种程度上说，除了每日川流不息地来P大学校园访问和参观的人眼中所看到红墙青砖和绿草如茵的校园风景之外，还存在着一个虚拟的P大校园。

场景之二：

M大学的一间教室里，每次讲完课下课之前，B老师都会习惯性地对同学们说："对今天所讲内容有问题的同学，请课后到课程论坛上提问题吧……"

从教室回到办公室后，B老师打开桌上的电脑，登录到学校的网络教学系统，将今天上课讲义PPT上传到课程网站上。然后，点击"课后论坛"链接，B老师进入了答疑页面，不出他的意料，论坛上已经有同学就刚才上课的内容提出了一个问题。B老师略加思考之后，用鼠标点击"回复"按钮开始回答这位同学的问题……

数分钟后，回答完学生问题的B老师又用鼠标点击课程网站上的另一个链接"课后作业"，开始布置本次课的作业要求和提交时间。

场景之三：

在 E 学院的能容纳上百名学生的阶梯教室里，零散地坐着数十名学生，远处的讲台上一位教师正在手持话筒讲课，声音从分布于教室四角的音箱里传出，在显得有点空荡的教室里回响着……

几乎在每一名学生的课桌上都放着一台打开的笔记本电脑，屏幕不断闪动着：有网页，有正在聊天的 QQ，有视频，有图片……当然，也有同学在电脑上忙着写东西，但是不是与正在上的课程有关，那就只有自己知道了……从阶梯教室的最后一排向前望去，几十台闪烁着的笔记本电脑屏幕上内容五花八门，让人目不暇接。

不过，这些电脑都在很安静地运行着，除了偶尔的击键声外无其他声响，教室里最清晰的仍然是教师的讲课声——这一点清楚地告诉旁观者，这确实是在上课而不是在网吧里……

场景之四：

夜色已深，已经快到 11 点的熄灯时间，但 D 学院的学生宿舍里仍然很热闹，聊天声、笑声、音乐声不断从宿舍窗户中传出……

其中最特别的是从一间宿舍中传出的"射击声"：带有重低音的逼真的不同枪械发出的发射声此起彼伏。如果你推开宿舍门，就会发现，宿舍里 4 名男生都在聚精会神地坐在电脑前联网打 CS。正酣战之际，电脑屏幕突然都关闭了，整个宿舍楼一瞬间突然变得非常安静——宿舍到熄灯时间停电了。但没过数秒，惋惜声、叫喊声便又响起……

学生们纷纷从电脑前起身，边讨论着刚才的刺激场景边准备盥洗休息。

2. 关于校园信息化的不同声音

"我早上起床后的第一件事是先开手机，看一看昨晚有没人给我发短信……我们学校是有无线网的，在教室上课时好多同学都边听课边用笔记本上网……是不是影响听课效果？这不好说，看你上网干吗了。如果是玩游戏，当然会影响听课；但我经常边听老师讲课，边把其中的一些教学内容的关键词在 Google 和 Baidu 上检索一下，尤其是当老师提问时，班上的同学几乎都在网上检索，就是想找答案，呵呵……是啊，也有上课上网聊天的，这只能怪老师的课太无聊了，不上网就该睡觉了。"

——某大学二年级学生访谈摘录

"如果在校园里没法上网了会发生什么？噢，这我没细想过……不过，没法上网了，就意味着没法和同学朋友 QQ 了，没法上人人网了，也没法上 BBS 了，也没法检索学习资料了……这问题好像就有点严重了，那可怎么办啊？"

——某大学三年级学生访谈摘录

"如果现在没有网上选课系统，我真不知道每学期的选课工作该怎么做了……如果像以前那样手工处理，那可真是海量数据，做不了。每学期初学生开始网上选课的那段时间，我们整个教学办公室都非常紧张，唯恐系统出问题……以前有过这样的经历，出问题后手工处理简直要人命。"

——某大学教务部教师访谈摘录

"我们学校有专门的校园门户系统，每个老师和学生都有自己的账号，登录之后可以浏览自己的各种信息，包括个人信息、课程、实验室、科研经费、指导学生……对学生来说，自己上课的成绩、借书、奖学金等，全部都是实时统计数据，一目了然，非常方便……这样学校的管理效率提高了很多。"

——某大学信息办主管领导访谈摘录

"我不太赞同上课过多用电脑。我觉得现在年轻教师电脑用多了，已经不会上课了……哪天电脑出问题了，或者投影机坏了，没法播放幻灯片了，他就不会讲课了。为什么？因为他们已经不会板书了，只会播放幻灯片，就坐在讲台的电脑后面按键盘，也不下去和学生交流……而且一下课就不见人影，学生有问题也不知道到哪儿去老师。你说，这算什么教学呢？"

——某大学教学督察组退休老教师访谈摘录

"这个教学平台对我的教学帮助确实挺大的。举一个最简单的例子来说，以前每次课后都有学生要求拷贝我的讲义PPT，现在不必了，因为我每次上课后都发布在我的课程网站里；还有，那个课程论坛也挺有用的，我会安排助教在论坛上答疑，学生们反映相当好……"

——某大学文科院系青年教师访谈摘录

"说实话，我对什么教学技术、数字化学习或混合式学习不感兴趣。我觉得，作为一名大学教师，在任何情况下，科研都是居于第一位的……是的，我当然很重视教学。但是没有好的科研成果，我不相信老师仅靠一些新奇的教学技术工具就能把课上好……我同意，在现在的技术社会里，科技工具确实是扮演着非常重要的角色。我的科研活动也离不开技术，实验、分析、数据统计……都离不开计算机。但是，教学还是注重与学生的直接交流，情感，等等……你说的那种课程网站我以前用过，感觉花费时间太多，使用起来也很麻烦。"

——某大学理科院系中年老师访谈摘录

"在这个技术发达的时代里，新技术的出现总是能给社会带来一种全新的体验和感受。但是，这种感受在不同的领域、行业或群体里，并非总是正面和积极的，可能是见仁见智的，在某些情况下，甚至可能是截然相反的。某种程度上，计算机和互联网在高校中的应用，即近年来被研究者们倍加关注的'校园信息化'或'数字化校园'，究竟给大学带来了什么？对于这个问题，在大学校园的不同群体中，他们的想法实际上可能是不同的……"

——课题组成员的感言

3. 学生电脑拥有率及上网情况

2010 年的调查数据显示，在参加调查的大学生群体之中，88% 的受访者表示拥有自己的电脑，其中 54% 使用的是笔记本电脑，34% 使用台式计算机（见表 4 – 1）。与 5 年前 73.7% 的大学生电脑拥有率相比，提高了近 15 个百分点，发展迅速。同时，值得一提的是，学生笔记本电脑拥有量的变化情况，在 2005 年的调查中，在拥有电脑的大学生中，台式机和笔记本电脑的比例分别为 74% 和 26%；而 2010 年的数据则显示，拥有笔记本电脑的学生比例（54%）远远高于台式机的比例（34%）。这反映了学生在计算机采购和应用方面的发展与变化。

表 4 – 1 大学生电脑个人拥有率

电脑类型	人数	比例/%
笔记本	1 057	54
台式机	661	34
无电脑	248	12

调查数据也显示，上网已经成为当前大学生日常生活的重要组成部分。在受访大学生中，表示"每天上网""几乎每天上网"和"经常上网"的比例总和达到 79%。

进一步的调研发现，在上述这些表示经常上网的大学生之中，在谈到"最初何时开始使用互联网"时，75% 的学生表示在高中毕业之前就已经开始接触互联网，其中 10% 的学生在小学就开始上网，在初中和高中阶段开始上网的学生比例接近和超过了三分之一，分别是 31% 和 34%。这种结果表明，将当今这些大学在校生称之为伴随着互联网长大的"网络一代"，确实名至实归。

4. 每周平均上网时间及网络行为

在研究和衡量学生的互联网应用状况时，上网时间是一个重要指标。调查结果显示，在参加调查的大学生群体中，平均每周上网时间为 21.6 小时。根据中国互联网络信息中心（CNNIC）于 2010 年 7 月发布的最新数据，2010 年上半年，全国网民每周平均上网时长达到 19.8 个小时。可以看出，大学生群体对网络的使用程度要略高于其他群体。

其中，近三分之一的学生（32.2%）表示，其平均每周上网时间能够控制在 10 小时之内；四分之一（25.8%）的学生表示自己的每周上网时间是 11~20 小时；21.2% 的学生每周上网时间是 21~30 个小时；9.2% 的学生每周上网 31~40 小时。同时，也有少数学生（5.2%）表示自己每周上网时间达到 41~50 小时或更多。整体来看，超过一半（58%）学生的每周上网时间约控制在 30 小时之内，即平均每天约 4 小时左右。

调查结果进一步揭示，在这平均每周 21.6 小时的上网时间中，大学生们的网络行为和时间分配情况分别是（见表 4-2）：网上学习（平均每周 8.26 小时），网上娱乐（8.41 小时），网上交流（6.52 小时），网上商务活动（1.76 小时）及其他（3.5）。可以看出，大学生们每周进行网上学习的时间占到每周总时间的三分之一。

表 4-2 大学生每周上网时的网络行为及时间分配

网络行为	平均每周上网所用时间/小时
网上学习（如查找学习资料、看课件和提问等）	8.26
网上娱乐（如下载音乐、看电影或玩网络游戏等）	8.41
网上交流（如 QQ、MSN 聊天、收发电子邮件等）	6.52
网上购物或出售（如在淘宝中购买或售出物品）	1.76
其他网上活动	3.5

同时，调查结果也显示了大学生群体使用各种具体网络行为的频率（见表 4-3）。在这些网络行为中，"经常"和"总是"之和居前 6 位的分别是：超过一半的同学（60.2%）表示经常"通过互联网浏览各种新闻"；接近一半（47.5%）的学生表示经常"使用迅雷等下载工具下载音乐、电影、电视剧、动漫等娱乐资源"；超过三分之一学生（39.3%）表示"经常使用电子邮件、QQ、MSN 或其他网络通信方式与同学、朋友和老师讨论学习问题"；超过三分之一（39.2%）的学生表示经常"通过课程网站、网络教学平台等下载学习资料"；超过三分之一（39.6%）学生表示经常"用优酷等视频网站在线听音乐、看电影、电视剧、动漫等娱乐视频"。超过三分之一的学生（39.3%）表示"经常通过互联网搜索学习资料"。

表4–3　大学生各种网络行为的使用频率

网络行为	使用频率/%				
	从不	偶尔	一般	经常	总是
通过互联网搜索学习资料	4.64	28.55	27.52	29.35	9.95
使用邮件、QQ、MSN等与同学、朋友和老师讨论学习问题	4.64	28.55	27.52	29.35	9.95
通过课程网站、网络教学平台等下载学习资料	3.66	27.46	29.71	30.57	8.60
使用CNKI/万方等其他数据库	33.74	29.35	18.06	13.12	5.74
使用外语学习或考试网站和论坛（BBC/太傻等）	22.51	41.43	22.51	10.62	2.93
使用国内外著名大学（如Yale）免费公开的视频课程进行学习	50.88	31.18	13.00	3.36	1.59
使用迅雷等下载工具下载音乐、电影、电视剧、动漫等娱乐资源	3.90	24.34	24.22	33.31	14.22
用优酷等视频网站在线听音乐、看电影、电视剧、动漫等娱乐视频	4.88	30.87	24.65	29.04	10.56
通过互联网浏览各种新闻	1.16	13.48	25.14	38.62	21.60
玩网络游戏	49.48	34.29	10.62	4.27	1.34
写博客	37.40	39.11	16.05	5.86	1.59
使用"人人网"等社交网站	26.36	27.70	16.53	17.57	11.84
通过淘宝等网站购买衣服、食品、电子产品等	35.08	38.56	16.78	7.20	2.38
通过当当、卓越等网站购买书籍等学习资料	39.11	28.86	17.94	10.07	4.03

5. 利用"课程网站"进行学习

"教学信息化建设"部分，在介绍高校教师问卷数据时，曾提到在受访教师中，总计近四成（39.9%）表示有自己的课程网站。而在大学生问卷中，接近一半（41%）的学生表示"曾经学习过，或正在学习有'课程网站'的课程"。

在使用课程网站学习的大学生群体中，数据显示，超过一半的学生（56.6%）表示每周登录5次以下；近三分之一（31.9%）的学生表示每周登录6~10次。

进一步的调查数据显示，这些使用过"课程网站"的学生表示，"登录课程网站后经常做的活动"主要包括：下载课件（48.8%），浏览课程内容（33.5%），提交课程作业（26.4%），查阅课程通知和进度（16.5%）和参加网上问题讨论（9.9%）。

统计数据也显示（见表4-4），在参加调查的大学生群体中，平均每周花在课程网站上的学习时间约为4.78个小时。

表4-4 大学生平均每周在课程网站上学习的时间

计算	结果
频数	960
总计	4 585
标准差	5.3
平均值	4.78
最小值	0
第1四分位数（Q1）	0
第2四分位数（中位数）	3
第三四分位数（Q3）	6
最大值	40

在谈到"愿意在学习中使用课程网站的主要原因"时（见表4-5），超过三分之一（34.4%）的学生表示是因为"使用方便"；接近三分之一（29.7%）的学生表示是因为"可以自行决定学习时间、地点"；超过四分之一的学生（26.0%）表示是因为"可以按自己喜欢的方式学习"；四分之一（25.4%）的学生表示是因为"可以按自己的进度来学习"。因此，整体来看，学生们愿意使用课程网站进行学习的主要原因还在于能够以自主的方式来组织和安排自己的学习过程，灵活性较强。

表4-5 大学生愿意使用课程网站进行学习的原因

选项	频数	百分比/%
因为老师有要求	266	16.23
使用方便	564	34.41
可以提高学习效率	340	20.74
课程有一部分必须在网上完成	451	27.52
可以自行决定学习时间、地点	487	29.71
可以按自己的进度来学习	416	25.38

续表

选项	频数	百分比/%
可以按自己喜欢的方式学习	426	25.99
方便和其他同学进行合作学习	171	10.43
便于师生在课下交流	214	13.06
其他	12	0.73

不过，另一方面，调查也同时显示出（见表4-6），大学生们在使用课程网站进行学习仍然面临着许多困难和问题。在谈到"在使用课程网站进行学习时，遇到的最大的困难"时，居前5位的困难和障碍主要表现为："课程网站上有用资源太少"（27.3%），"网速太慢"（26.5%），"用电脑学习不舒服"（21.1%）"对于我在课程网站上提出的问题，教师回复反馈不及时"（15.7%）和"学习效率低"（12.9%）。

表4-6 大学生在使用课程网站学习时所面临的困难

选项	频数	百分比/%
没有电脑	86	5.25
电脑或网络应用的技术不熟练	141	8.60
网速太慢	435	26.54
网络费用高	143	8.72
不习惯通过网络获取教学资源	116	7.08
课程网站操作不方便	200	12.20
用电脑学习不舒服	345	21.05
学习效率低	212	12.93
课程网站上有用资源太少	447	27.27
其他同学们用得比较少	148	9.03
对于我在课程网站上提出的问题，教师回复反馈不及时	258	15.74

二、现代信息技术在高校教学中的影响

高校的基本职能是教学，相应地，在整个校园信息化建设中，将信息技术应用于教学是最核心的部分。信息技术与教学的深度融合，要求在高校教学过程中，改革教学观念、运用系统化教学设计方法，充分利用信息通信技术手段实现教学组织

形式的多样化、教学内容的电子化、教学方法和教学手段的信息化，从而拓展师生之间信息交流的渠道，提高教学效率，扩大教学范围。

为了充分了解和掌握现代信息通信技术对高校教学的影响，课题组依据一定的研究框架，同时也参照其他研究者关于在线学习（E-learning）接受度与满意度之相关研究成果，研究者设计出以下三份问卷：一是高校信息化基础设施问卷（通过高校主页进行在线观察）；二是高校教师问卷（对象为高校教师与管理人员）；三是高校学生问卷（对象为高校在校学生，包括本科生和研究生）。随后，研究者通过问卷预测试，对其信度和效度进行了分析，并对问卷内容进行了修订。

以上述调查问卷为基础，在2010年6—9月期间，课题组开始实施调研活动，形式分为网络问卷调查与面对面访谈两种。其中，网络问卷共三份，分别是高校校园网主页调研问卷（在线观察）、中国高校校园信息化调查问卷（教师）和中国学生网络生活调查问卷（学生）。

高校校园网主页调研问卷采用概率抽样方式，其主要目标是，通过概率抽样方法抽取一定数量的高校，通过浏览其学校网站的方式来了解其校园信息化建设现状。研究者随机抽取全国11个省市（北京市、天津市、河北省、山西省、内蒙古自治区、辽宁省、吉林省、黑龙江省、上海市、江苏省、浙江省）的257所高校。

高校教师调查问卷采用方便抽样方式，以教育部信息管理中心和相关机构所提供的国内各高校相关部门及教师通讯录为基础，在2010年6月8日—9月8日期间，课题组通过电子邮件共向4 014名高校教师和管理人员发送了调查邀请函，受访者只需要点击邀请信中的网络问卷链接即可打开问卷并开始填写。在规定期限内，共回收1 215份问卷，问卷反馈率为30.2%。在回收的全部问卷中，有效问卷为853份，问卷有效率70.2%；其中高校各教学院系的教师（各院系从事教学工作的教师）597份，占有效问卷总量的70.0%；高校信息化建设、管理与支持等相关部门的管理人员（如信息办、教务处、网络中心、电教中心、计算中心、教育技术中心等）256份，占有效问卷总量的30.0%。

高校学生问卷采用网络问卷调查方法，共回收问卷2 394份，其中有效问卷2 050份，问卷有效率85.6%。在参加调查的大学生中，男女生比例分别点59%（1 202名）和41%（847名），来自全国28个省、市和直辖市等的84所高校；学生的年级情况以本科生（85%）为主，其次分别为研究生（10%）和专科生（3%）。

1. 高校教室信息技术硬件设施的配备

在高校中，教室是教学的主要场所，教室内安装的各种信息化教学工具和设备能够在一定程度上反映高校教学信息化建设的发展水平。2010 年的调查数据显示（见表 4 – 7），在参加调查的高校中，教室计算机安装率、联网率和投影机安装率分别为 66.5%、75.7% 和 68.0%。与 2005 年调查数据（联网计算机安装率为 16.9%，投影机安装率为 24.6%）相比，教室的硬件设备条件有了很大的改善。尤其值得注意的是，2005 年高校教室中交互式电子白板的安装率仅为 3.2%，到 2010 年已经提高至 27.1%，有了大幅度的提升。同时，调查也发现，有 23.6% 的教室安装有教学反馈系统（Clicker），27.8% 的教室安装有自动录播系统。

表 4 – 7　高校教室各种教学设备安装情况

统计项目	网络接口	计算机	投影机	电视机	交互式电子白板	课堂反馈系统	自动录播系统
频数	179	179	179	179	179	179	179
总计	13 545	11 910	12 175	4 775	4 855	4 220	4 975
标准差	27.86	28.11	26.4	28.38	30.77	27.63	29.05
平均值	75.67%	66.54%	68.02%	26.68%	27.12%	23.58%	27.79%

2. 新教学技术在教学活动中的应用

2010 年的调查结果显示，伴随着校园信息化建设的不断深入，越来越多的高校教师已经习惯于在教学过程中使用各种基于互联网的技术来备课、教学和与学生交流。例如，课题组发现，在参加调查的教师中，分别有 92.1% 和 92.4% 的教师"经常使用搜索引擎来检索教学、科研资料"和"在备课时经常上网去查找各种教学辅助资料"；同时，也有 72.3% 的教师表示"在教学中，我经常使用 E - mail 等方式与学生交流"，并"经常将教学讲义上传到网上供学生下载和浏览"（61.4%）。

除在教学中使用各种信息工具之外，也有越来越多的教师积极在科研活动中利用 ICT 来进行学术交流和研究成果发布等。调查数据显示（见表 4 – 8），在受访教师中，近一半（46.4%）表示"经常通过各种网络通信工具与国内外同行联系"，甚至有 14.5% 的教师"有时会通过网络视频会议来与国外同行进行交流"；此外，在研究成果的发布和传播方面，有四分之一（25.3%）的受访教师表示"经常将已发表的论文、研究报告等成果上传至网上"。

表 4 - 8 高校教师在教学科研中应用 ICT 工具情况

项目	非常 不符合	比较 不符合	中立	比较符合 /%	非常符合 /%
我经常使用搜索引擎来检索教学、科研资料	10	10	24	84 15.0	431 77.1
在备课时,我经常上网去查找各种教学辅助资料	8	9	25	93 16.6	424 75.8
在教学中,我经常使用 E – mail 等方式与学生交流	20	46	77	175 29.2	241 43.1
我经常将教学讲义上传到网上供学生下载和浏览	50	63	89	152 27.2	205 34.2
我经常通过各种网络通信工具与国内外同行联系	94	86	119	139 24.8	121 21.6
我经常将已发表的论文、研究报告等成果上传至网上	135	141	141	83 14.8	59 10.5
我有时会通过网络视频会议来与国外同行进行交流	274	116	88	55 9.83	26 4.65
我有课程网站,学生可以随时上网浏览课程相关	147	80	77	89 15.9	166 29.6

此外,随着近年来"开放教育资源"(Open Educational Resources)运动的发展,开放课件(Open Courseware)也成为高校教学信息化建设的新生事物,被越来越多的教师所接受。调查数据显示,有近五分之一(19.8%)的受访高校正在推广"开放课件";同时,另一种基于视频的"开放教育资源"方式——Apple iTune U 也开始在国内高校中出现,目前约有 19 所高校正在推广这种新技术。

3. 高校网络教学平台的基础性建设

近年来,利用网络教学平台来辅助课堂教学,将课堂教学与 E – learning 的独特优势相互结合而形成的混合式学习(Hybrid/blended learning)教学模式已成为国内外高校全日制教学改革的共同发展趋势。研究表明,高校中组织和实施混合式学习可有效提高师生之间的交流与沟通频率,激发学生的学习兴趣。从技术上看,高校中组织和实施混合式学习的基本技术架构是利用课程管理系统(网络教学平台)来创建课程网站,以此为基础来进行教学活动组织与设计,从而实现课堂教学与在线学习的有机结合。换言之,网络教学平台是混合式学习的技术平台。

实际上,2005 年的国内高校调查数据就显示,在被调查的高校中,开始使用网络教学系统的比例为33.3%，也有42.4%的高校的网络教学系统正在建设之中。而2010年的数据则表明，60.5%的高校正在使用网络教学平台，31.6%的高校正在考虑建设网络教学平台（见表4－9）。可以看出，短短的5年期间，使用网络教学平台的高校比例几乎增加了一倍，表明各高校对教学信息化的重视程度在不断提高。

表4－9　高校网络教学平台使用情况

网络教学平台建设情况	数量	百分比/%
我校目前尚无网络教学平台	11	4.30
目前我校正在使用网络教学平台	155	60.55
我校目前正在考虑建设网络教学平台	81	31.64
未填写	9	3.51

同时，研究者也发现，在已经使用网络教学平台的高校中，73.5%的高校是"全校使用一个统一的网络教学平台"，27.7%的高校是"同时使用多个网络教学平台"（见表4－10）。

表4－10　高校是使用单一的网络教学平台还是多个教学平台

调查问题	是	否	不确定	未填写
我校全校使用一个统一的网络教学平台	114 73.5%	19	14	8
我校同时使用多个网络教学平台	43 27.7%	77	26	9

关于高校所使用的网络教学平台的建设方式，各高校的情况差异较大，有的是商业产品与自主开发系统结合使用，有的则使用商业产品，还有的正在使用以开源软件为基础而建设的教学平台。调查数据显示，多数高校以购买商业产品为主（70.3%），也有学校同时在使用自主开发的网络教学（39.4%）。另外，也有4.51%的高校使用开源网络教学平台（如Sakai或Moodle）（见表4－11）。

表4－11　各高校所使用的网络教学平台名称

网络教学平台名称（多选题）	频数	百分比/%
Blackboard 课程管理系统	115	74.2
清华教育在线教学平台	10	6.4
4A 教学平台	6	3.87
卓越电子课程中心	10	6.45

续表

网络教学平台名称（多选题）	频数	百分比/%
天空教室网络教学平台	24	15.4
基于开源软件建设的网络教学平台（如 Sakai/Moodle 等）	7	4.51
网梯教学管理平台	1	0.65
本校自主开发的网络教学平台	61	39.4
其他	11	7.10

4. 课程网站的使用及对教学效果影响

在高校的全日制教学过程中，以网络教学系统为技术平台来创建课程网站，并将之作为混合式学习教学组织模式的"支撑点"或"脚手架"，形成以课堂面授为基础，辅之以课后在线交流、网上小组讨论和作业提交等活动的强调师生互动的教学方式。课题组认为，相对于传统的课堂教学来说，这种混合式的教学组织形式更能适合当今伴随着互联网成长起来的新一代大学生的学习需求，也有利于培养学生的自主学习能力。

2010 年的调查数据显示（见表 4 - 12），在受访教师中，总计近四成（39.9%）表示有自己的课程网站，其中近 2 成的教师表示"已有课程网站，并且在日常教学中使用"，16.1% 的教师承认"我目前已有课程网站（如精品课程），但在日常教学不常使用"，仅有 4.52% 的教师认为"我的日常教学已离不开课程网站的辅助和支持"。

表 4 - 12　高校教师使用课程网站进行教学的情况

问题	人数	百分比/%
我正在考虑创建自己的课程网站	259	43.38
我从未使用过课程网站	90	15.08
我的日常教学已离不开课程网站的辅助和支持	27	4.52
我目前已有课程网站（如精品课程），但在日常教学不常使用	96	16.08
我已有课程网站，并且在日常教学中使用	115	19.26
其他	5	0.84
未填写	5	0.84

进一步的调研数据发现，在已经使用课程网站的教师中，超过一半的教师已使用课程网站的时间在 2 年以上；近三分之一的教师已经使用了半年至一年的时间。

在谈到使用课程网站进行教学的各种原因时，83.2%的教师表示主要原因是"想尝试一种新的教学方式"，也有45.4%的教师使用课程网站是"因为E‑learning这种教学方式可以提高教学效果"，四分之一（26.0%）的教师表示"为了使我的课程以后发展成为精品课程"。比较引人注目的是，课题组发现，近三分之一（28.6%）的教师是因为"学校要求教师在教学中使用课程网站"，这表明已经有高校开始在教学管理和政策方面重视混合式教学的推广。

从技术的角度来讲，虽然不同品牌的网络教学平台在功能方面有一定的差异性，但总的来说，作为一种能够使教师方便快捷地创建课程网站并在教学中使用的技术平台，其功能通常主要包括以下方面：通知发布、教学大纲、讲义上传、阅读材料发布、课程论坛、作业提交与批阅和成绩统计等。根据教师的教学设计及技能水平的不同，其在教学过程中使用的频率也各不相同。

2010年的调查数据显示，在使用课程网站的教师中，经常在教学过程中使用的功能主要包括：发布教学大纲（88.2%）、上传教学讲义（73.5%）、师生交流（58.4%）、发布阅读材料（57.9%）、发布课程通知（52.5%）、作业提交（42.0%）、在线测验（29.4%）、作业批改（26.0%）、成绩统计（23.5%）和在线视频课堂（21.0%）。

从上述数据可以明显地看出，目前教师们使用课程网站来组织和实施混合式学习时，仍然未摆脱将课程网站主要当作"教学资源库"来用的观念，而对于课程网站的交互式功能，如作业提交、在线测验、作业批改、成绩统计和视频课堂，使用频率明显低于其他显示性功能。研究者认为，从混合式学习的教学设计角度来讲，课程网站实际上承担着一种在课堂面授教学基础之上在课堂之外为师生搭建一个沟通与交流渠道的功能，在线讨论、网上测验、分组学习、作业提交与批阅等互动性功能，最能体现出混合式学习过程的特色。因此，从这个角度来讲，使用课程网站的展示性功能仅属于初级阶段，在今后的培训和教学中，应更多鼓励教师们使用那些交互性的功能，这样才能充分发挥出课程网站的应有功效。

无论采用何种教学技术或工具，提高教学效果是其追求的最终目标。那么，使用课程网站后，高校教师们关于它对教学效果的影响是如何认识的呢？调查数据显示，74%的教师认为使用课程网站对教学效果"有所帮助"和"很有帮助"；对效果难以判断表示中立的教师比例为21%，而认为对教学用处不大的仅为5%。

调查发现，在使用课程网站的过程中，教师们也面临着诸多困难，主要表现为技术操作、时间花费和学校支持等方面。调查数据显示这些困难依次分别表现为："使用课程网站辅助教学，技术难度较大"（52.5%），"没有助教，使用起来工作量和难度太大"（44.1%），"缺乏学校政策和经费支持"（43.2%）和"科研任务繁重，没时间去使用课程网站"（37.4%）。同时，也有28.6%的教师指出"课程网站功能太少，不能满足教学需求"。此外，引人注目的是，正如在"基础设施与支持服务"部分所发现的学校提供的教学支持服务偏低类似，在课程网站的使用过程中，也有16.8%的教师认为"学校未能向教师提供相应的培训和技术支持"是他们在使用课程网站时面临的重要困难之一。

5. 信息化建设对高校教学影响的评价

正如我们一再强调的，教学作为高校的核心功能之一，在数字化校园建设中同样也扮演着中心角色，教学信息化建设水平的高低直接影响着数字化建设的成效判断。那么，作为教学的直接参与者——高校教师，他们对于高校近年的教学信息化建设是如何评价的呢？

2010年的调查数据显示（见表4-13），超过80%的受访教师都对近10年来高校教学信息化的建设成效给予了积极评价。多数教师认为，信息技术在教学中的广泛应用，对于学生培训内容、方式，教学组织形式、教学效率、学生的学习方式、师生交流方式，甚至教师的教学思想和理念都产生了不可低估的重要影响。例如，88.3%的受访教师认为，"近10年来学校的信息化建设对我的备课方式产生了重要影响"；83.2%的教师认为"近10年来学校的信息化建设对我的教学组织方式和方法产生了重要影响"；81.7%的教师认为"近10年来学校的信息化建设提高了我的教学效率"。尤其突出的是，80.5%的教师认为"近10年来学校的信息化建设对我的教学思想和理念产生了重要影响"。研究者认为，这一点明显地展示了信息化建设对教师教学过程的深刻影响，教学技术已经远远超出了教学工具或方法的层面，正在演变成一种影响教师教学理念的重要力量。

表4-13 教师对近10年来高校信息化建设对教学影响的评价 %

调查问题	非常 不同意	比较 不同意	中立	比较 同意	非常 同意
我认为，近10年来学校的信息化建设对我的备课方式产生了重要影响	0.76	2.10	8.59	38.17	50.19
我认为，近10年来学校的信息化建设对本专业的学生培养内容和方式都产生了重要影响	1.34	3.25	18.70	38.93	37.79
我认为，近10年来学校的信息化建设提高了我的教学效率	0.95	3.04	14.69	39.31	42.42

续表

调查问题	非常 不同意	比较 不同意	中立	比较 同意	非常 同意
我认为，近10年来学校的信息化建设对学生的学习方式产生了重要影响	1.34	3.24	13.17	38.17	44.08
我认为，近10年来学校的信息化建设提高了我的科研效率和水平	0.76	4.01	14.50	37.79	42.94
我认为，近10年来学校的信息化建设对我的教学组织方式和方法产生了重要影响	0.57	3.05	13.17	41.98	41.22
我认为，近10年来学校的信息化建设对我与学生之间的交流方式产生了重要影响	1.14	2.48	15.46	38.93	41.79
我认为，近10年来学校的信息化建设对我的教学思想和理念产生了重要影响	0.95	3.05	15.46	41.79	38.74
我认为，近10年来计算机和互联网的应用对大学生的生活产生了重要影响	0.57	1.34	4.58	26.53	66.98

6. 高校教师对于数字化学习的需求分析

在调查中，教师问卷的开放题目为"您认为，高校要想在教学中推广利用课程网站来辅助教学（E-learning），还需要重点做哪些工作？"，共计收回有效回答366个。

课题组在对教师问卷的开放题目的回答进行统计整理时发现，在接受调查的教师中，39.1%认为高校在推广利用课程网站辅助教学时，需要重点做的是加强硬件与平台的建设；21.2%认为高校要重视资源建设；23.5%认为需要重点做的是组织教师培训；还有25.1%认为最重要的是需要高校在政策和经济上的支持和激励。下面对每类回答进行具体分析。

第一，硬件与平台的建设问题：我国正在积极推进教育信息化的进程，在此次开放题目的回答中不少教师提出要加强校园网的建设，并且增设计算机室，着手解决学生上机困难的问题。如有位教师说"学校应提高硬件的建设，如建立自主学习中心，为学生使用计算机进行网络自主学习提供更多的便利。"

在对课程网站平台的建设上，教师希望平台使用方便，易于操作，界面美观，具有很好的交互和反馈功能，有专人对其进行维护，"建设方便老师进行二次开发的课程网站平台，减少教师网站二次开发的工作量和系统维护的工作量。"

第二，关于资源建设问题：与硬件建设相对应的是网上资源的开发和利用问题。

目前，国家及各个地方都在积极进行教育信息资源的建设，但仍不能满足日益增长的教育需求，在此次调查的开放题目的回答中，有 14.8% 的教师认为，在教学中应用的课程网站"缺乏足够的教学资源"。同时，教师的回答反映出，目前我国教学资源开发的质量也存在一些问题。开发者许多是闭门造车，各自为政，存在严重的重复建设、数量庞杂、形式不规范、不准确、不开放等现象。

教育资源建设不仅要形成一个大数据量的资源仓库，更发挥着对教育教学强大的支持和服务功能。在此次调查中教师需要的具体服务功能主要涉及四类：

一是资源共享，为相应区域内的教育活动提供海量的以学科为中心的教学资源。有教师提出"现在很多老师都把自己的 PPT 或者备课内容保密，不利于年轻教师的成长"，希望"像 MIT 那样的公开课程，课件和教学资源共享"。二是电子备课，为教师的备课提供大量参考信息，最好"提供一种课程网站模式，大家自己填充内容"。三是基于资源的学习。教师认为"网络教学的效果取决于学生学习的主动性"，"学生的自主学习能力至关重要"。为学生提供各种机会，使他们在获得基本知识的同时，练就独立的学习技能。四是知识整理及利用。大大提高知识积累的质量，将原本无序的、零散的知识经过科学的组织模式，使之系统化、条理化，实现对知识的高效利用。

第三，关于教师培训问题：教师要具备一定的信息素养，还特别要学会选择信息技术和在教学中有效整合的技术。在接受调查的教师中，有教师表示希望网络教学能力得到培训，例如有位教师提出"加强对教师培训，转变观念，让教师积极参与到课程网站的资源建设和教学活动中，才能使课程网站不是形同虚设。"根据教师对开放题目的回答，可将教师希望得到培训的网络教学能力大致分为四类：

一是对信息技术的敏感性。对信息科学的基础以及信息手段特征的理解、基本操作能力，这种能力正是现阶段教师培训的主要内容。二是应用信息的能力。主要是对信息的判断、选择、整理、处理的能力，以及对新的信息的创造和传递的能力。三是教学媒体和功能的选择能力。教师能够根据教学目标、教学对象、教学内容、教学条件来选择合适、够用的媒体。四是媒体的整合能力，指优化组合不同的媒体，将媒体有机地融入教学过程中的能力。教师不但会使用媒体和选择媒体，还能够在教学活动中适时地、合理地运用媒体，真正发挥媒体的作用，从而提高教学质量。

目前虽然各大高校组织过一轮又一轮的教师计算机应用能力培训，但是对于开发网络课程而言，这些能力是远远不够的。这就需要教师不断地学习更高水平的计算机操作技能。然而高校网络教学课程的开发对于很多高校教师而言是心有余而力不足。因此有教师呼吁采用与专业的网络开发技术人员合作的方法来进行网络课程的开发，例如有教师指出应"加强技术支持和教师指导，让计算机教师和专业教师共同配合，发挥各自的长处，建立有效的课程网站"。

第四，关于政策和经济的支持与激励问题：教师希望学校对网络课程的开发建设要予以重视和支持，例如有教师提到"经费上要有一定的投入，教师在教学上要有更多的精力投入，现在很多学校都往综合性大学发展，评职称等各个方面都是以科研课题与成果为主，大家把更多的精力放在科研等方面，觉得教学方面有点淡化的趋势，但是课程的网络建设花费很大的精力和时间，如何让教师把精力花在课程的网络建设上，花在教学上，这是需要重点做的一个工作。"教师希望学校能制定激励政策，如计算工作量、增加课时费等来推广利用课程网站，主要能在以下三方面提供支持：

一是在资金问题上，学校应该设有网络课程开发和建设专款。二是在技术上，学校应该加强教师计算机及网络应用能力的培训，同时鼓励教师之间的合作，比如利用本校计算机专业的优势，促进教师的技术合作。此外，学校也应该开展一些培训，比如学习心理、课程理论、教学设计等。三是在管理方面，学校在政策上应有所倾向，比如予以教师培训优先的待遇，积极鼓励教师们投身于网络课程的开发中。

三、学生对信息技术与教学融合的感受

本次调查的主要目的是想了解在最近一学期里，在校大学生感受到的信息技术对其学习的支持程度和便利性，进而绘制学生视角下的信息技术与教师教学的融合深度与频度。

2015 年 3 月 23 日—5 月 8 日，课题组在中国大学生在线网站上增加了问卷链接，同时通过邮件、微信群等方式进行了问卷发放，收回 461 份问卷。

对问卷中的数据进行清洗，去除了上学期选课数为 0 以及 10 门以上的数据，以及前后矛盾的数据，最终得到 224 份有效数据，224 份数据主要来自 16 个省市，29所高校的 224 位学生，其中黄河科技学院和山东科技职业学院的学生人数较多，分别是 134 人和 38 人。

1. 参与调查学生的基本情况

关于学校和地域分布情况。填写问卷的学生大多来自于民办高校（57%），除此之外，高职高专院校、985/211 高校和普通高校均有部分学生填写了问卷，本次调查

没有来自军事院校的学生参与。其中黄河科技学院属于民办高校,山东职业技术学院属于高职高专院校。其他还有来自北京工业大学、北京林业大学、重庆大学、中国地质大学、华南师范大学、南京邮电大学等高校的学生(见图4-1)。

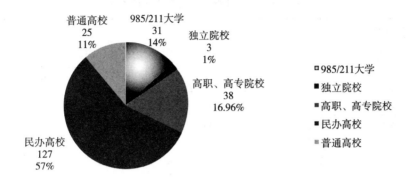

图4-1 学生所在学校情况

从省市分布来看,调查对象中来自河南省的最多(以郑州为主),占60.27%,山东省(以潍坊为主)占16.96%,重庆市占5.36%(见表4-14)。

表4-14 参与调查的学生所在省份分布

省市	人次	百分比/%
安徽省	1	0.45
北京市	6	2.68
福建省	3	1.34
广东省	1	0.45
广西壮族自治区	1	0.45
海南省	1	0.45
河南省	135	60.27
湖北省	1	0.45
江苏省	11	4.91
江西省	1	0.45
山东省	38	16.96
山西省	1	0.45
陕西省	1	0.45
四川省	1	0.45
天津市	10	4.46
重庆市	12	5.36
总计	224	100

关于学生的学科与学历背景。本次参与调查的理工科学生居多，工学占29.64%，理学占16.96%，其次，艺术学科的学生也不少，占19.20%，没有医学专业和哲学专业的学生（见表4-15）。

表4-15　参与调查的学生专业分布情况

学科专业	人次	百分比/%
法学	1	0.45
工学	66	29.46
管理学	11	4.91
教育学	15	6.70
经济学	15	6.70
理学	38	16.96
历史学	2	0.89
农学	1	0.45
文学	4	1.79
艺术学	43	19.20
其他	28	12.50
总计	224	100

此外，本次调查中，本科生居多，占78.13%，高职高专的学生占15.63%，硕士研究生占4%。

关于学生一学期选课情况。本次参与调查的学生，大部分选课数量较多，47.77%的学生一学期上课数量在5~7门，44.64%的学生一学期上课数量在8门以上。这样的比例和上述提到的学生所处的学校以及正在攻读的学位有关，一般本科生和职业院校的学生每学期需要上的课较多（见表4-16）。

表4-16　学生选课情况

选课数	人次	百分比/%
1~4门	17	7.59
5~7门	107	47.77
8~10门	100	44.64
总计	224	100%

2. 学生对信息化环境的感知评价

在本次调查中，主要通过收集学生对校园网网速的评价以及周围同学的信息化设备装备情况来了解学生所处的信息化环境现状。

关于学生对校园网网速与稳定性的评价。当被问及如果只是观看网页和教学视频，是否满意校园网的网速与稳定性时，只有20.53%的学生表示满意，大部分学生表示一般或不满意（见图4-2）。

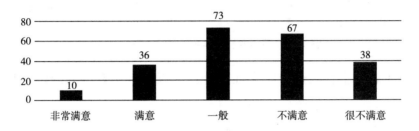

图4-2　学生对校园网网速和稳定性的满意度

从图4-3可以看出，不同类型的学校学生对于校园网网速和稳定性的评价趋势基本相同。不论哪种类型的学校，大部分学生都对校园网网速和稳定性的评价不高。

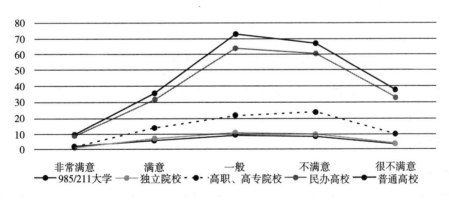

图4-3　不同类型的学校学生对校园网的评价

从不同省份学生对于校园网的评价来看，趋势也基本相同，大部分学生都对校园网的网速和稳定性表示一般或不满意，如图4-4所示。

关于学生信息化设备的装备情况。在本次调查中，信息化设备指的是智能手机、平板电脑以及电脑。本次调查中收集了学生宿舍的人数以及宿舍中有可用信息化设备的人数，以此为比例来了解学校学生信息化设备的装备情况。为此，我们把有可用设备的人数比例分为三个区间：0~1/3、1/3~2/3以及2/3至1。最终发现，

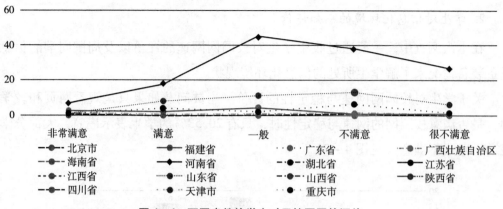

图4-4 不同省份的学生对于校园网的评价

83.04%的学生表示宿舍大部分的人（三分之二以上）都有可用的信息化设备（见图4-5）。

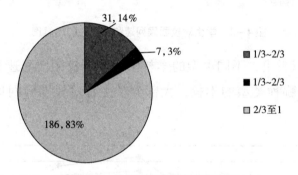

图4-5 学生信息化设备装备情况

以学校所在的不同省份来分类看学生信息化设备的装备情况，如图4-6所示，可以看出基本趋势仍然是信息化设备的装备率较高。以学校类型、专业、学历为分类，呈现的趋势均相似。

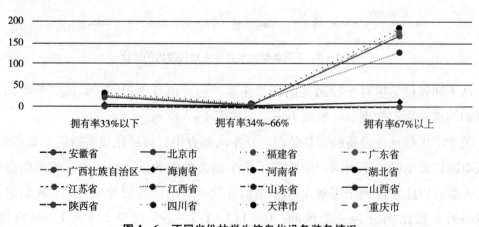

图4-6 不同省份的学生信息化设备装备情况

关于大学生对混合式学习的看法。从调查问卷的开放题填写内容上看，参加调研的大学生普遍表示可以接受混合式学习这种教学组织方式，不过进一步的分析之后，课题组发现，实际上，学生对混合式学习的网络课程的期待远远大于课程所能提供的可能性。换言之，学生在参加混合式学习课程学习前，持有较高的期待并表现得较积极，而在参与之后，大多数学生对混合式学习有较多的消极看法，积极性也不高，两者形成较大的反差。下面以学生开放题部分回答的数据为基础，对大学生的网络教学态度及其参与网络教学的阻抗因素进行分析。

第一方面，通过对大学生对网络教学态度的现状分析，课题组发现：

（1）高校大学生普遍能接受网络教学，对网络教学的发展持有比较积极的态度。调查结果表明，71.4%的学生乐于接受网络教学这个新挑战；10.2%学生认为网络教学提供的资源丰富，便于学习；8.6%学生认为网络教学环境带来更自由的学习空间；3%学生认同网络教育符合个性化教育；13%学生认为网络教学方式新颖、形式丰富；17%学生认为网络教学促进教师与学生的互动和交流；6%学生认为使用网络教学方便快捷，学习效率更高；11%学生认为网络教学激发学习兴趣，调动自己学习的主观能动性，让自己主动地去学习。

（2）对现有网络课程平台的界面设置、课程内容、课程管理等方面评价不高。如有学生提到"应该增加一些趣味性和互动性，我们曾经用过 Moodle，但是感觉不能吸引大家，更多还是因为老师给的学习任务，不得不做，网络课程上面学生之间的沟通和聊天工具还是相差很远，应该注重一些小细节，注重一下课程中情感因素的考虑。""课程网站资源相对不足……而且没有大力推广和根据课程及发展需要进行更新，缺乏老师答疑。""我希望我们学校要是弄这种课程网站，就要弄好一点，并能抽出一定的时间去管理更新什么的。"

（3）学习者自身因素影响其对网络教学的态度有所不同。18.5%同学认为网络教学对自控能力差的同学效果不好，因此需要学生有很强的自制力。例如有同学提到"我认为，网络教学需要学生有很大的自制能力，因为有些同学上网之后就开始浏览一些其他的东西，比如新闻等，而放在学习上的时间很少，所以，这种教学组织形式的普及仍需时日"。此外，还有同学出于对自己技术操作能力、身体特质等方面的考虑提出，"网速和使用电脑的疲劳度是我有点不喜欢网络教学的原因"。

调查还发现，了解网络课程的大学生比不了解网络教学的大学生在学习者自身水平、课程网络化带来的影响、资源利用、课程管理等方面的评价都要积极。

第二方面，通过对大学生参与网络教学的阻抗因素分析，课题组发现：

（1）网络教学对学习者的高要求与学生现有水平的矛盾。网络教学对学习者的能力提出了很高要求，如良好的自我监控能力、计算机操作技能、与他人交互与协作的能力，以及信息的检索、分析、处理能力，等等。但在长期应试教育的影响下，一些学生缺乏学习主体性意识，自主思考、探索、创新的精神不足，因而表现出对自主性学习方式适应不良。

（2）学校设备落后的现状与网络教学的高要求的矛盾。受我国经济发展状况的制约，许多高校的设备和校园网络建设对网络教学的实施并未提供必要的物质基础，这在一定程度上严重地影响了大学生网络课程学习的积极性。例如就有同学提到，"这种在很多学校实施起来还是有困难的，包括硬件、软件和相关的老师，还有大部分学生的经济状况。同时学生的一些学习习惯也制约了网络教学的发展和普及，想要发展好网络教学还是很有困难的，这需要国家政策和财力层面上的支持。"还有同学提到了网络教学的收费问题："收费太高！一般我们都不愿意花这钱！如果能低点就好了！"

（3）网络教学的特性与教师方面的矛盾。网络教学由于其自身的特性，如利于交互、不受时空限制、资源共享、利于协作学习等，已经成为高校教学改革中一个必然趋势。然而目前高校中的网络课程一般是由任课教师针对在校大学生开设，教师方面的许多因素都影响着大学生对网络教学的态度。首先是教师实施网络教学的动机，教师是为了通过改变教学方式提高教学的效率，还是纯粹为了教学改革而改革，这个动机决定着教师对网络教学实施的行为，学生通过观察、评价教师的表现而形成相应的对待网络教学的态度和行为。例如有同学就写到，"教师方面基本属于建设初期很卖力，或许是为了应付立项检查或者是项目需要，但是完成后，基本上很少使用了。"

其次是教师个人的研究水平和能力。受教师对网络教学的理解、研究能力的制约，加上教师个人精力有限，在网络教学中与学生的交流以及对学生学业评价等方面的不到位，都可能导致大学生对网络教学的热情逐渐降温。例如有同学写到，"老师都很忙的样子，没有时间在上面更新资料，如果有更多的资料会比较有帮助"。

总之，教学信息化（E-learning）是近10年来数字化校园建设中对师生影响最大的方面，在教学理念、教学组织模式和教学方法等方面都体现出新教学技术的无限潜力，基于互联网的师生交流与沟通，成为辅助课堂教学的重要组成部分。面对"90后"这一伴随着互联网成长起来的新生代的入学，大学教师们在教育理念、教学组织模式和教学工具之应用诸方面面临着严峻的挑战，因为这些学生是电子化的一代,是在网络中生存的一代,是借助于电子产品进行思维的一代……

正是在这样的背景之下,延续千百年的讲授式课堂教学与基于互联网的数字化学习背道而驰,混合式学习模式(Hybrid learning)成为数字化校园中一个明亮的新坐标,课程网站、视频课堂、在线交流等,逐渐成为高校教学过程中引人注目的新因素,并被越来越多的大学教师们所认可和接受。2010年的调查数据显示,60.5%的受访高校正在使用网络教学平台;而在受访教师中,39.9%表示有自己的课程网站,并且其中超过一半(56.2%)已使用课程网站两年以上;74%的教师认为使用课程网站对教学效果"有所帮助"和"很有帮助"。此外,超过80%以上的受访教师认为,近10年来学校的信息化建设对其教学思想、备课方式、教学组织方式、教学方式、教学效率等方面都产生了重要影响。

进一步的关于教师E-learning接受度影响因素的统计与分析显示,教师的不同特点对认知有用性与认知易用性的影响关系表现为:教师与课程的特点,包括电脑使用经验、技术自我效能、教学方式偏好、课程互动性、课程资料丰富性等,会对认知易用性具有正向的显著性影响;技术特点包括系统稳定性方面的两个问题,会对认知易用性具有正向的显著性影响;政策与服务支持,包括领导支持、助教协助、培训服务、同事示范等,对认知易用性具有正向的显著性影响。

但另一方面,统计结果表明,教师与课程特点、技术特点、政策与服务支持对认知有用性均没有显著影响。此外,在认知特点与E-learning接受度两者之间的关系上,课题组发现,认知易用性对认知有用性具有显著影响,且认知易用性、认知有用性对接受度也均具有显著影响,数据表明,认知易用性对接受度的影响要高于认知有用性对接受度的影响。

3. 学生对于教学信息化程度的感知

在本次调查中,教学信息化程度主要是指教学材料和学习环境的信息化程度。学生对于课程信息化的感知程度,主要通过下列问题体现,在学生一学期的课程中:

- 有多大比例的课程有课程网站?
- 有多大比例的课程有全套完整网上学习资料?
- 有多大比例的课程要求交电子版作业?
- 有多大比例的课程要求在网上讨论?
- 有多大比例的课程要求学生使用学科软件?
- 有多大比例的课程进行机考?
- 有多大比例的课程可以使用移动设备进行学习或资料访问?

本次调查中，学生需要回答的是具体的课程数量，后期将这些课程数量和一学期的总选课数相除，形成了上述七个角度的百分比数据。为了后期的数据统计分析，将这些百分比进行了区间划分，分为三个区间：三分之一以下（比例小）、三分之一到三分之二（比例适中）和三分之二以上（比例高）。

从以上七个不同的角度衡量学生所学课程的教学信息化程度。学生一学期的课程中，具有课程网站、数字化资料、电子作业、网上讨论、学科软件以及机器考试的课程比例并不高，数据显示，大部分学生在一学期的课程中，只有少数的课程会有课程网站、数字化资料等信息化的学习内容。其中机考、网上讨论以及学科软件的使用比例最小（见图 4 - 7）。

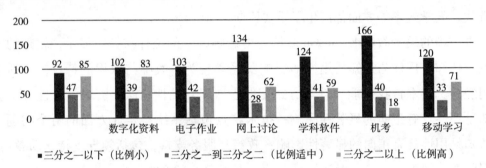

图 4 - 7　学生对教学信息化的感知程度

接下来，我们再分别从这七个维度来看学生对教学信息化的感知程度。

1）是否具备课程网站

有 41.07% 的学生认为一学期的课程中，只有较小比例的课程会具有课程网站。同时，认为大部分课程都会具有课程网站的学生人数也比较多。本次调查中，各个省份、学校、专业均表示出如此的趋势，即认为比例较小和比例较高的人数都比较多，这也体现了目前高校教学管理系统的使用不均衡，即便有这样的条件，并不是所有的教师都会在教学中使用（见表 4 - 17）。

表 4 - 17　学生感知的具备课程网站的课程比例

具有课程网站的课程比例	人次	百分比/%
三分之一以下（比例小）	92	41.07
三分之一到三分之二（比例适中）	47	20.98
三分之二以上（比例高）	85	37.95
Total	224	100.0

以学校类型（985/211、普通高校、独立院校、民办高校、高职高专）为自变量

对上述数据进行方差分析，发现高职高专和民办高校之间存在显著差异（均值差 = 0.465^*，$P < 0.05$）。

2）是否具备完整数字化资料

完整的数字化资料可以通过课程网站传递给学生，也可以通过其他的方式，比如 QQ、云盘、FTP 等方式。本次调查显示，学生所学的课程中，只有少数的课程有完整的数字化学习资料。以学校类型（985/211、普通高校、独立院校、民办高校、高职高专）为自变量对上述数据进行方差分析，发现高职高专学校分别和 985/211 高校（均值差 = 0.451^*，$P < 0.05$）、民办高校（均值差 = 0.478^*，$P < 0.05$）之间存在显著差异（见表 4 – 18）。

表 4 – 18 学生感知的具备完整数字化资料的课程比例

具有完整数字化资料的课程比例	人次	百分比/%
三分之一以下（比例小）	102	45.54
三分之一到三分之二（比例适中）	39	17.41
三分之二以上（比例高）	83	37.05
Total	224	100.0

3）是否要求提交电子版作业

本次调查显示，45.98% 的学生表示，只有少数的课程要求提交电子版作业。同时，35.27% 的学生表示大部分课程都要求提交电子版作业。以学校类型（985/211、普通高校、独立院校、民办高校、高职高专）为自变量对上述数据进行方差分析，发现不同类型的学校之间不存在显著差异（见表 4 – 19）。

表 4 – 19 学生感知的要求提交电子版作业的课程比例

要求提交电子版作业的课程比例	人次	百分比/%
三分之一以下（比例小）	103	45.98
三分之一到三分之二（比例适中）	42	18.75
三分之二以上（比例高）	79	35.27
Total	224	100.0

4）是否要求网上讨论

本次调查显示，59.82% 的学生表示，只有少数的课程要求网上讨论。和之前的课程网站、电子版学习资料以及电子作业相比，看起来更少的课程会要求网上讨论（见表 4 – 20）。

表4 - 20　学生感知的要求网上讨论的课程比例

要求提交电子版作业的课程比例	人次	百分比/%
三分之一以下（比例小）	134	59.82
三分之一到三分之二（比例适中）	28	12.50
三分之二以上（比例高）	62	27.68
Total	224	100.0

以学校类型（985/211、普通高校、独立院校、民办高校、高职高专）为自变量对上述数据进行方差分析，发现高职高专和民办高校之间存在显著差异（均值差 = 0.562^*, $P < 0.05$）。

5）是否要求使用学科软件

本次调查显示，55.36% 的学生表示，只有少数的课程要求使用学科软件。学科软件和具体的课程关系较大，并非所有的课程都有使用学科软件的需求。在本次调查中，每类学科都呈现出类似的趋势，整体使用比例较低（见表4 - 21）。

表4 - 21　学生感知的要求使用学科软件的课程比例

要求使用学科软件的课程比例	人次	百分比/%
三分之一以下（比例小）	124	55.36
三分之一到三分之二（比例适中）	41	18.30
三分之二以上（比例高）	59	26.34
Total	224	100.0

以学校类型（985/211、普通高校、独立院校、民办高校、高职高专）为自变量对上述数据进行方差分析，发现高职高专学校分别和 985/211 高校（均值差 = 0.595^*, $P < 0.05$）、民办高校（均值差 = 0.441^*, $P < 0.05$）之间存在显著差异。

6）是否可以机考

本次调查显示，74.11% 的学生表示，只有少数的课程可以机考。以学校类型（985/211、普通高校、独立院校、民办高校、高职高专）为自变量对上述数据进行方差分析，发现不同类型的学校之间不存在显著差异（见表4 - 22）。

表4 - 22　学生感知的可以机考的课程比例

可以机考的课程比例	人次	百分比/%
三分之一以下（比例小）	166	74.11
三分之一到三分之二（比例适中）	40	17.86

续表

可以机考的课程比例	人次	百分比/%
三分之二以上（比例高）	18	8.04
Total	224	100.0

7）是否可以移动学习

本次调查显示，53.57%的学生表示，只有少数的课程可以进行移动学习。移动学习的前提是需要具备电子学习资料，有时候移动学习还取决于课程网站是否有移动设备的客户端。以学校类型（985/211、普通高校、独立院校、民办高校、高职高专）为自变量对上述数据进行方差分析，发现不同类型的学校之间不存在显著差异（见表4-23）。

表4-23 学生感知的可以移动学习的课程比例

可以移动学习的课程比例	人次	百分比/%
三分之一以下（比例小）	120	53.57
三分之一到三分之二（比例适中）	33	14.73
三分之二以上（比例高）	71	31.70
Total	224	100.0

4. 学生对于教师信息化教学方式的感知

在本次调查中，教师信息化教学方式主要体现在其是否使用PPT，是否向学生推荐优质资源，教学过程中是否会要求学生现场查阅资料，是否允许学生上课携带手机或电脑，是否会使用防剽窃软件，是否采用远程教学以及是否采用了翻转课堂教学方式。

本次调查中，学生需要回答的是具体的课程数量，后期将这些课程数量和一学期的总选课数相除，形成了上述七个问题的百分比数据。为了后期的数据统计分析，将这些百分比进行了区间划分，分为三个区间：三分之一以下（比例小）、三分之一到三分之二（比例适中）和三分之二以上（比例高）。

从图4-8中可以看出，以上七个不同的角度，学生所感受到的教师的信息化教学方式。可以明显地看出，大部分课程都会使用PPT，并且不会限制学生在课堂上使用手机或电脑，而在向学生推荐资源、课堂上要求学生查阅资料、使用防剽窃软件、远程教学以及翻转课堂这五个方面，只有小部分课程会这样做。

接下来，我们再分别从这七个角度来看学生对教师信息化教学方式的感知程度。

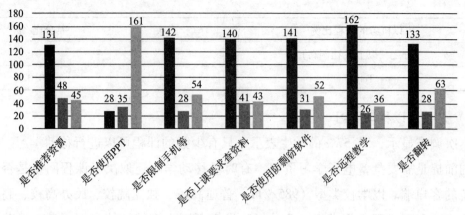

图 4 - 8　学生对教师信息化教学方式的感知程度

1）是否推荐其他学校的优质课程资源

其他学校的优质课程资源是指学生可以免费获取的资源，比如慕课、精品课程等。本次调查显示，58.48% 的学生表示，只有少数的课程教师会推荐学生使用其他学校的优质课程资源。各个省份、学校、专业均表示出相似的趋势，即只有少数的课程教师会向学生推荐他校的资源（见表 4 - 24）。

表 4 - 24　推荐其他学校优质课程资源的课程比例

推荐他校资源的课程比例	人次	百分比/%
三分之一以下（比例小）	131	58.48
三分之一到三分之二（比例适中）	48	21.43
三分之二以上（比例高）	45	20.09
Total	224	100.0

以学校类型（985/211、普通高校、独立院校、民办高校、高职高专）为自变量对上述数据进行方差分析，发现 985/211 高校在这方面和普通高校（均值差 = -0.477*，$P < 0.05$）、高职高专学校（均值差 = -0.730*，$P < 0.05$）有显著差异。

2）是否使用 PPT 等软件上课

这个角度与其他的问题有非常显著的不同，即 71.88% 的学生表示他们大部分的课程教师都会使用 PPT 等软件。此外，以学校类型（985/211、普通高校、独立院校、民办高校、高职高专）为自变量对上述数据进行方差分析，发现不同类型的学校之间在使用 PPT 等软件上课方面不存在显著差异，这在一定程度上也可以说明教师使用 PPT 进行教学基本已经成为常态（见表 4 - 25）。

表 4 - 25　使用 PPT 等软件上课的课程比例

使用 PPT 等软件上课的课程比例	人次	百分比/%
三分之一以下（比例小）	28	12.50
三分之一到三分之二（比例适中）	35	15.63
三分之二以上（比例高）	161	71.88
Total	224	100.0

3）是否不允许上课带电脑或手机

当问及有多少课程教师不允许上课带电脑或手机时，69.39%的学生表示大部分课程都不会做这样的限制。并且不论专业、学校，均体现出相同的趋势（见表 4 - 26）。

表 4 - 26　不允许上课带电脑或手机的课程比例

不允许上课带电脑或手机的课程比例	人次	百分比/%
三分之一以下（比例小）	142	63.39%
三分之一到三分之二（比例适中）	28	12.50%
三分之二以上（比例高）	54	24.11%
Total	224	100.0%

此外，单因素方差分析表明，高职高专和民办高校对此依然存在显著差异（均值差 $= 0.451^*$，$P < 0.05$）。

4）是否课上要求用电脑查资料完成课堂任务

62.50%的学生表示只有较小比例的课程会在课上布置需要用电脑查阅资料的任务。不论专业、学校，均体现出相同的趋势。此外，以学校类型（985/211、普通高校、独立院校、民办高校、高职高专）为自变量对上述数据进行方差分析，发现不同类型的学校之间在让学生课上用电脑查资料方面不存在显著差异。这个问题涉及教师的教学方法，可能学校类型层面对此的影响会比较小（见表 4 - 27）。

表 4 - 27　让学生课上用电脑查资料的课程比例

允许学生课上用电脑查资料的课程比例	人次	百分比/%
三分之一以下（比例小）	140	62.50
三分之一到三分之二（比例适中）	41	18.30
三分之二以上（比例高）	43	19.20
Total	224	100.0

5）是否使用防剽窃软件

这个问题主要询问学生，警告学生会使用防剽窃软件的课程数，以此来推断教师是否会使用防剽窃软件，防剽窃软件主要是用来检查学生作业是否有抄袭的情况。

62.95％的学生表示只有较小比例的课程教师会提出这样的警告。不论专业、学校，均体现出相同的趋势。此外，以学校类型（985/211、普通高校、独立院校、民办高校、高职高专）为自变量对上述数据进行方差分析，发现不同类型的学校之间不存在显著差异（见表4－28）。

表4－28　使用防剽窃软件的课程比例

使用防剽窃软件的课程比例	人次	百分比/%
三分之一以下（比例小）	141	62.95
三分之一到三分之二（比例适中）	31	13.84
三分之二以上（比例高）	52	23.21
Total	224	100.0

6）是否使用远程教学

这个问题主要询问学生，有多少门课，教师会使用远程在线实时交流的方式进行上课或答疑。72.32％的学生表示很少有课程会使用远程教学，并且不论省份、学校和专业均体现出了相似的趋势。以学校类型（985/211、普通高校、独立院校、民办高校、高职高专）为自变量对上述数据进行方差分析，发现不同类型的学校之间不存在显著差异（见表4－29）。

表4－29　是否远程教学的课程比例

使用远程教学的课程比例	人次	百分比/%
三分之一以下（比例小）	162	72.32
三分之一到三分之二（比例适中）	26	11.61
三分之二以上（比例高）	36	16.07
Total	224	100.0

7）是否开展翻转课堂

翻转课堂主要指的是，要求学生上课前观看视频自学，课堂上参与讨论或小组合作。在问卷中对翻转课堂进行了解释，并要求学生写出使用如此教学形式的课程数。59.38％的学生表示只有较小比例的课程教师会采用这种方式。并且不论省份、学校和专业均体现出了相似的趋势（见表4－30）。

表4－30 开展翻转课堂的课程比例

开展翻转课堂的课程比例	人次	百分比/%
三分之一以下（比例小）	133	59.38
三分之一到三分之二（比例适中）	28	12.50
三分之二以上（比例高）	63	28.13
Total	224	100.0

以学校类型进行单因素方差分析表明，高职高专和985/211高校在这方面存在显著差异（均值差 = 0.557*，$P < 0.05$）。

5. 调查结果的几点总结

1）学生信息技术装备较好，但对于校园网评价不高

本次调查发现，大部分（83.04%）学生表示宿舍大部分的人（三分之二以上）都有可用的信息化设备。本次调查主要是通过了解学生周围人的设备拥有情况，以此来说明学校学生的信息化设备装备情况，这主要因为是网上答卷，已经出现了样本偏差，即答卷者都是能够上网的，而且看上去上网条件还不错，所以才会有空来答卷，因此通过他们反馈周围人的情况来确定学生群体的装备情况。

此外，本次调查中，大部分学生都对校园网网速和稳定性的评价不高，而且不同类型的学校学生对于校园网网速和稳定性的评价趋势基本相同，没有显著差异。

2）课程的教学信息化程度不高

本次调查主要从七个角度来收集学生所感受到的教学信息化程度，即课程网站、数字化学习资料、电子版作业、网上讨论、学科软件的使用、机考、移动学习。

从上述七个角度来看，学生所感受到的教学信息化程度不高，学生所学课程中只有少数比例的课程具备这七点。在课程网站、数字化学习资料、电子版作业、移动学习这四个方面还呈现不平衡的情况，一方面大部分课程不会具备课程网站、缺少完整的数字化学习资料，也不布置电子版作业，并支持移动学习，另一方面，仍然有部分课程会具备这样要素。

此外，不同类型的学校学生所感受到的教学信息化程度也是有所差异的，主要体现在是否具备课程网站、是否具备完整数字化资料、是否开展网上讨论以及是否

要求使用学科软件上。这也许和本次调查的样本主要集中在高职高专（山东科技职业学院）和民办高校（黄河科技学院）这两者有关，但在一定程度上揭示出不同类型的学校教学信息化的程度可能有所不同，这还需后续进一步的调查分析。

3）教师教学仅以 PPT 使用为主，其他信息技术应用较少

从学生所感知的情况来看，教师的信息化教学方式主要体现在 PPT 的使用上，对远程教学、翻转课堂教学以及防剽窃软件的使用率不高，同时较少限制学生上课过程中使用手机或电脑，上课过程中，也较少布置使用手机或电脑查阅资料的课堂任务。

此外，高职高专学校教师信息化教学方式和985/211 高校、民办高校会存在一些差异，主要体现在是否愿意推荐其他学校的优质课程资源、是否允许上课带电脑或手机以及是否开展翻转课堂教学方面，具体的差异情况还需要后续进一步的跟踪研究。

四、教师对信息技术与教学融合的感受

信息技术与教学深度融合是从强调作为独立个体的信息技术与教学两者的"结合"，到强调信息技术与教学两者之间相互渗透的"整合"，再到强调二者相融为一体产生新的教学形态的"深度融合"。信息技术与教学深度融合不仅仅是以信息技术去改变教与学环境、教与学方式，而是教育的重大结构性变革。

课堂教学是教育系统的主阵地，"课堂教学模式的变革"是学校教育系统结构性变革的核心。教师是教学模式改革的主体，是实现信息技术与教学深度融合的最为核心的要素。为了进一步了解当前教师在教与学的过程中应用信息技术的现状如何，是否达到了两者融合的程度，课题组再次发起了问卷调查。本次问卷通过社交媒体发放，由课题组成员所在 QQ 群、微信群、微信朋友圈协助发放，并请 QQ 好友、微信好友转发扩大调查面，问卷发放时间：2015 年 3 月 28 日—4 月 5 日，来自 19 个省的 40 所高校的 83 位高校教师参与了调查。

1. 参与调查教师基本情况

在线参与此次调查的 83 位老师来自 40 所高校，其中非985、211 的普通全日制高校最多，占 75%；其次是高职、高专为 12.5%；985/211 院校最少，为 8.75%。没有军事院校和独立院校的教师参与调查（见图 4 - 9）。

如图 4 - 10 所示，参加调查教师所在高校分布于 19 个省，其中江苏省最多、浙

江省其次，辽宁、广东省紧随其后。此次调查的高校中，大多数地处我国发达地区。

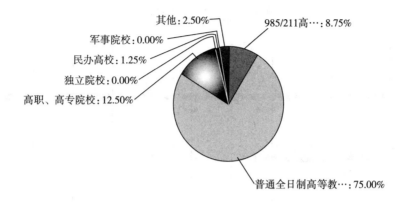

图 4-9　参加调查教师所在单位分布

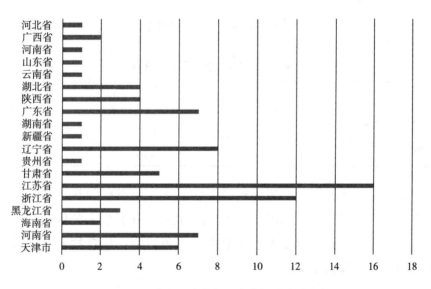

图 4-10　参加调查教师所在高校的地域分布

教师学术背景与所教课程学科分布。83 名教师中专业背景为教育学的人数最多，其次为工学、理学、艺术学。法学、农学、医学专业背景的没有（见图 4-11）。

如表 4-31 所示，83 位教师上学期总共开设 191 门课程，其中绝大多数教师上学期所教授课程为 2～3 门，其中课程最多是广西广播电视大学 1 名教师，为 9 门，其次为南京邮电大学和陇南师范高等专科院校的两位教师，各 5 门。其中教师所教课程教育学类最多，工学、理学、艺术学其次。其分布基本与教师学科背景分布一致。

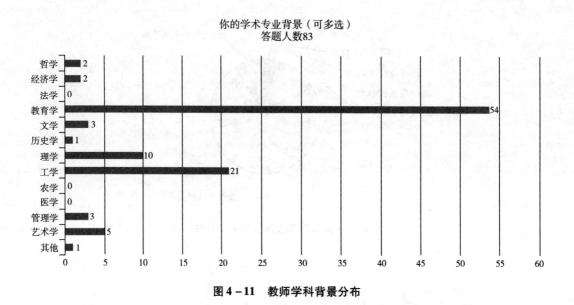

图4-11　教师学科背景分布

表4-31　教师所教课程数量分布

所教课程门数	1	2	3	4	5	9
教师数量	20	33	22	5	2	1
所教课程总数	191 门					

　　教师专业背景及所教课程所属学科教育学居多，与本次问卷发放人员、发放方式直接有关。其中54名有教育学背景的被调查教师，在教学中的信息技术应用水平高于平均水平，此数据某种程度上能代表全国高校教师在信息技术与教学深度融合方面的中上层水平（见图4-12）。

　　2.教师教学中信息技术应用现状

　　多数课程未建有课程网站。如表4-32所示，其中近一半教师（47%）没有提供课程网站，有课程网站的课程占总课程数的36.7%。广西广播电视大学的1位教师有5门课程都有课程网站，这是其学校特性所决定。2013年梁林梅对144位高校教师网络教学现状调查中，发现被调查教师在开展网络教学的主动性方面适中，有六成左右的教师没有全网络课程教学的经历。两次调查结论基本一致，说明我国高校教师在网络教学上还存在较大的发展空间。

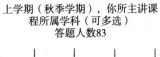

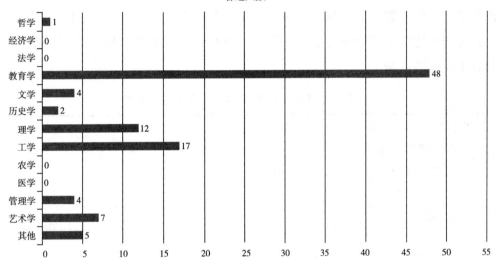

图 4-12　教师所讲授课程所属学科分布

表 4-32　所授课程有网路课程或课程网站

课程门数数量	0	1	2	3	4	5
教师数量	39	26	13	3	1	1
比例（$N=83$）	47%	31.3%	15.7%	3.6%	1.2%	1.2%
有课程网站总数	70					
占总课程数比例	36.7%（$N=191$）					

　　半数以上课程网站可通过移动设备访问。有 81.4% 的课程资源网站可通过移动设备访问，这说明现有课程网站考虑到当下学生移动学习的需求。不过课题组预计真正能在移动终端正常访问的比例要低于 81.4%。因为课程网站只要发布到互联网，皆能被移动终端访问，但绝大多数课程资源能否正常显示，不少教师对此不一定真正了解（见表 4-33）。

表 4-33　移动设备可访问课程网站数

移动设备可访问课程网站数	0	1	2	3	5
教师数量	45	25	9	3	1
比例（$N=83$）	54.2%	30.1%	10.9%	3.6%	1.2%
移动设备可访问课程网站数	57				
占有网站课程总数比例	81.4%（$N=70$）				

多数老师向学生推荐外部优质资源。如表4-34所示，多数教师（67.5%）会向学生推荐与讲授课程相关的慕课、精品课程等外部优质资源，其中推荐外部资源的课程数占总课程数的50.3%。可见大部分高校教师在教学中会使用外部优质课程资源，这与课题组早期的调查相比有明显的增长，说明高校教师在利用外部分资源方面有了明显的进步。

表4-34 向学生推荐外部资源的教师与课程数

推荐外部资源课程数	0	1	2	3	5
推荐的教师数量	27	30	14	11	1
比例（N=83）	32.5%	36.1%	16.9%	13.3%	1.2%
推荐外部资源课程总数	96				
占总课程数比例	50.3%（N=191）				

3. 课堂中信息技术应用情况

PPT是最常用的教学技术。如表4-35所示，95.2%的教师使用了PPT，覆盖了98.5%的课程。这说明在我国高校多媒体教室已然普及，做PPT课件已成为教师教学常态。

表4-35 使用PPT的教师与课程数

使用PPT的课程数	0	1	2	3	4	5	9
推荐的教师数量	4	18	33	20	5	2	1
比例（N=83）	4.8%	21.7%	39.8%	24.1%	6%	2.4%	1.2%
使用PPT的课程总数	183（总课程数191门）						
占总课程数比例	98.5%（N=191）						

学科工具使用较少。如表4-36所示，仅有34.9%的教师在教学中使用了学科软件，使用学科软件的课程数仅占所有课程的23.6%，契合学科特征的学科软件能有效促进信息技术与教学深度融合。2011年《教育信息化十年规划》提出了要建设500个学科工具、平台，1 500套虚拟仿真实训实验系统。但从数据来看，至少在现在，学科工具在高校教学中的应用仍然有很长的路要走（见表4-36）。

表4-36 使用学科软件的教师与课程数

使用学科软件课程数	0	1	2	3	4
使用的教师数量	54	19	5	4	1

续表

教师比例（$N=83$）	65.1%	22.9%	6%	4.8%	1.2%
使用学科软件课程总数	45（总课程数191门）				
占总课程数比例	23.6%				

　　大多数教师准许课上使用电子设备。如表4-37所示，绝大多数教师（86.7%）在绝大多数课程（75.4%）上准许学生在课堂上使用电子设备，并尝试将其用到教学中。这反映出多数高校教师已经认识到不可能禁止学生带手机等电子设备进入课堂，其唯一能做的就是在课堂上增加学生使用电子设备进行学习的机会，将学生从手机游戏中抢过来（见表4-37）。

表4-37　课堂使用电子设备的教师与课程数

课堂使用电子设备课程数	0	1	2	3	4	5
使用的教师数量	11	24	28	17	2	1
教师比例（$N=83$）	13.3%	28.9%	33.7%	20.5%	2.4%	1.2
使用电子设备课程总数	144					
占总课程的比例	75.4%					

　　有网站的课程绝大多数要求学生在网上开展讨论。不到三分之一的课程使用了网络讨论，选择网上讨论的教师比例未超过一半。不过在有课程网站的课程中，绝大多数老师都使用网络讨论（88.6%）。这说明绝大多数老师并未将课程网站作为资源平台（见表4-38）。

表4-38　使用网络讨论的教师与课程数

网络讨论课程数	0	1	2	3	4
教师数量	45	22	10	4	2
教师比例（$N=83$）	54.2%	26.5%	12%	4.8%	2.5%
有网络讨论课程总数	62				
占有网站课程比例	88.6%（$N=70$）				
占课程总数比例	32.5%				

4. 作业测试中信息技术应用情况

　　多数教师采用电子版作业方式。如表4-39所示，77.1%的老师在65.4%的课程中使用电子作业，这说明多数教师已经习惯无纸化作业。其中广西广播电视大学9

门课程均需交电子版作业，这与其学校特性相关（表4-39）。

表4-39　使用电子作业的教师与课程数

电子作业要求课程数	0	1	2	3	4	5	9
教师数量	19	28	20	13	1	1	1
比例（$N=83$）	22.9%	33.7%	24.1%	15.7%	1.2%	1.2%	1.2%
采用电子作业的课程总数	125						
占课程总数	65.4%（$N=191$）						

　　提供在线测试或机考的课程较少。如表4-40所示，只有32.5%的教师在19.4%的课程中采用在线测试或机考，占提供网站课程总数的52.9%，这说明此项技术应用很低，且在已建设了网站的课程中，有近一半教师未使用此项技术。这其中一方面可能源于课程网站平台自身功能所限，另一方面现有主流的网络教学平台都不支持直接将教师所积累的 Word 版本试题直接转化，而需要一题一题重新制作，需花费太多精力。

表4-40　使用数字化测试的教师与课程数

使用数字化测试课程数	0	1	2	3	4
使用的教师数量	56	20	5	1	1
比例（$N=83$）	67.5%	24.1%	6%	1.2%	1.2%
使用数字化测试课程总数	37				
占有网站的课程比例	52.9%（$N=70$）				
占总课程数比例	19.4%（$N=191$）				

　　使用查剽窃软件的老师很少，可能导致电子作业质量低。只有8位教师在1门课程，1位教师在2门课程中使用了查剽窃软件这项教学技术。这就可能导致在电子作业中，教师难以有效发现学生的抄袭，难以让平时作业达到应有的学习促进效果。

5. 教师的常用工具及看法

1）教师最常用的信息技术手段

　　如表4-41所示，教师在教学中使用频率排前三的教学技术手段分别是 PPT/Word，视频、动画，学生通过网络完成作业或开展学习活动。其中视频与动画的使用在前面题项中没有反映，其余两项与前面的调查结论一致（见表4-41）。

表4－41　教师在教学中使用频率排前三的教学技术手段

技术手段	第1位	第2位	第3位	得分
PPT/Word	68	6	2	218
视频、动画等	2	38	15	97
学生通过网络查询完成作业或开展学习活动	0	20	21	61
网络教学平台	10	6	9	51
微博、微信、QQ 等软件	1	7	18	35
数字化学科软件	1	2	10	17
在线测试、在线作业批改	0	3	7	13
虚拟仿真、教育游戏	1	1	1	6

备注：排第1位计3分，第二位计2分，第三位计1分。

2）教师认为对学生学习最有效的信息技术手段

如表4－42 所示，教师对教学技术手段的排位上，与其教学中常用的信息技术手段排序一致：PPT 与 word、视频与动画、学生通过网络完成作业或开展学习活动。这说明教师在信息技术手段采用中，与其技术对学生学习有效性的判定是一致的。至于这种选择是否有效，可以在学生层面进行验证（见表4－42）。

表4－42　教师认为对学生学习最有效排前三的教学技术手段

技术手段	第1位	第2位	第3位	得分
PPT/Word	41	14	11	162
视频、动画等	5	29	15	88
学生通过网络查询完成作业或开展学习活动	15	14	13	86
网络教学平台	17	6	11	74
微博、微信、QQ 等软件	2	14	15	49
在线测试、在线作业批改	1	3	7	16
数字化学科软件	1	0	9	12
虚拟仿真、教育游戏	1	3	2	11

备注：排第1位计3分，第二位计2分，第三位计1分。

3）教师在信息技术应用中的主要困难

从表4－43 中可以看出，教师认为教学中信息技术应用最大的困难，前三位分别是：缺乏好的课程学习资源、需要付出的精力太多、缺乏好的学科特色软件。同时在网速及稳定性是否满足学生观看课程网页和教学视频方面，28.92% 认为满意，

8.43%非常满意，满意度还不到40%，这说明网络情况也是教师在信息技术应用中的一大难题（见表4-43）。

表4-43　教师信息技术应用的困难前三位

困难	第1位	第2位	第3位	得分
缺乏好的课程学习资源	28	17	5	123
需付出的精力太多	19	18	17	110
缺乏好的学科特色教学软件	18	12	14	92
学校教学技术支持服务不够	7	12	13	58
学生缺乏相应的数字化学习技能与策略	4	12	6	42
学校教学管理体制与制度制约	2	4	10	24
学校职称评审薪酬制度制约	3	3	6	21
我缺乏信息技术与课堂教学融合的知识与能力	1	3	5	14
教师自身技术水平低	0	1	5	7
我认为技术对教学没有太多提升作用	1	1	2	7

备注：排第1位计3分，第二位计2分，第三位计1分。

最大的困难是缺乏好的课程学习资源，这一结论既在意料之中，又在意料之外。所谓意料之中，是因为这个调查结论在很多研究者的调查结论中都有出现。所谓意料之外，是国家推动高校数字化课程资源建设已有10多年，一方面是政府所推动的火热的高校课程资源建设热潮，另一方面却是一线教师大呼无资源可用，其中缘由何在，值得深究。

时间和精力是影响和制约高校教师选择网络教学的重要因素，这也是很多研究的发现，是长期困扰我国高校的难题。在2013年的一次访谈中，四位教师预估采用网络教学比传统教学至少多出2倍以上工作量。针对这一问题不少学校从以教改立项支持，到简化技术手段尝试解决。但仍然有很多老师认为是主要困难，这或许说明我们对此问题的认识，以及解决的方法还有待改善。

缺乏好的学科特色，这是以前调查中没有涉及的。这一调查结果说明教师教学中对信息技术的需求，正从PPT等通用技术转向专门的教育技术，也再次证明教育信息化十年规划提出建设学科工具政策的正确性。

此外，不同类型学校教师教学中的信息技术应用是否存在显著差异？我们分别以学校类型（985/211高校、普通本科院校、高职）为自变量，以课程网站、电子作业、网络讨论、虚拟仿真与学科软件、课堂使用电子终端、通过网络检索完成学习任务、推荐外部优质资源、PPT/Word 使用、配套网上材料、在线测试、防剽窃软件使用、课程网站可通过移动设备访问为因变量，进行了单因素方差分析，p 值都大于 0.05，不存在显著差异。这一结果很大程度上与此次参与调查教师所在三个学校类型的比例失调，985/211、高职院校过少有关。

五、信息技术与教学深度融合的案例

通过问卷我们对高校信息技术与教学深度融合的现状有了大概了解。信息技术与教学的深度融合不仅仅是孤立的信息技术应用，更应该是教师从实现教育目标出发对信息技术应用的系统思考。下面我们选择来自一线教师的四个信息技术与高校教学融合创新的实践案例，从理念或模式、信息技术应用目的、师生信息技术应用行为、信息技术对师生教与学的效果、遇到的问题及解决策略五个方面进行分析，以希望能对教师信息技术教学应用的体验有更深入了解（见表 4 - 44）。

表 4 - 44 四个信息技术与高校教学融合创新的实践案例

案例全名	案例简称
基于 Bb 及云的生理学 E - PBL 数字化学习共享平台开发与教学研究	生理学
基于 Blackboard 9 平台实施以学生为中心的网络辅助教学法案例框架	市场营销
基于网络及社交媒体的中医诊断学互动式混合学习模式的运用	中医诊断
探究式教学模式的实践探索——以环境管理学为例	环境管理

1. 基于教学模式探索信息技术与教学融合

四个案例对信息技术的应用不是某一环节的局部思考，而是选择一个符合自身需求的教学模式，以教学模式将信息技术应用统整，如表 4 - 45 所示。

表 4 - 45 案例中使用的教学模式

案例简称	教学模式
生理学	基于网络的 PBL 模式
市场营销	翻转课堂模式
中医诊断	混合学习模式
环境管理	基于网络的探究式学习模式

如生理学课程中，几乎是全程在线的 PBL 教学模式，对任务发布、任务材料、团队协作交流、任务过程性指导都提供在线支撑。市场营销案例则采用翻转课堂模

式，学生课前课后基于网络课程进行任务驱动的自主学习与团队学习，课堂围绕任务进行深度研讨，平台全程记录、跟踪、反馈、评价学生任务进度。中医诊断学课程采用混合学习模式，为学生提供丰富的在线视音频诊断案例教学资源与网络实时诊断互动学习支持，与课堂上诊断理论学习形成互补。

2. 着眼学习效果提升设计信息技术应用

教师使用信息技术应从更好实现教学目的、提高学生学习效果出发，而非从技术尝鲜的角度为了用技术而用技术。从四位教师自己做总结的教学案例材料中，可以很欣喜地看到我们的教师不是为了技术而用技术。

如在"生理学"课程中，采用以在线学习为主的 PBL 教学是因为在传统的 PBL 课堂中，师资力量、学时、教学安排不足使得教师的指导不够，PBL 学习效果欠佳，所以利用网络平台将全校优质的 PBL 汇聚，建立在线课程，构建在线学习社区，促进 PBL 优质资源共建共享，提高 PBL 中的师生互动，拓展学习时空。在"市场营销"课中，教师使用信息技术的目的就是提供网络资源，让学生使用碎片时间学习，以开展翻转课堂教学，提高教学效率、学生学习效果。"中医诊断学"课则是以在线的案例资源为依托，利用社交媒体等提供实时、非实时的在线师生互动，让学生在接受丰富教学资源和信息的同时，还可以在网络上随时随地的进行网络实时互动学习，使学习方式更加灵活，更加有效。"环境管理"课程则是希望通过信息技术提高教学效率、提升学生的培养质量，实现大学教育所倡导的自主、合作、探究的学习目标。

3. 由教学需求主导信息技术应用

没有一种教学媒体能够适用于所有教学环境，满足所有教学需求。根据教学实际需求，选择不同教学技术手段，并能协调好各种教学技术手段，是教师教学中应用信息技术的核心准则。在四个案例中，我们可以看到教师都很好地把握了这一点（见表4－46）。

表4－46　教师的信息技术应用行为

案例简称	使用的信息技术手段与实现的教学功能
生理学	整合后的数字化学习环境：Blackboard 9.1 学习资源：BB 平台，百度文库，Youku 优酷网，56 网，搜索引擎（百度，CNKI）、慕课类（北大 MOOC、中国大学 MOOC、新浪公开课、网易公开课） 资源分享存储：云存储及云盘类（腾讯微云、360 云盘） 互动交流：云视频网络会议系统（PPMEET，ZOOM，QT 语音、YY 语音）、即时聊天（webQQ、smartQQ、webFetion），微博类（腾讯微博、新浪微博、腾讯频道、新浪微刊） 教与学评价分析：网站统计（CNNZ 数据专家、量子恒道统计）、问卷调查（问卷星）、网页编程语言（JavaScript）

续表

案例简称	使用的信息技术手段与实现的教学功能
市场营销	整合后的数字化学习环境：Blackboard 9.1 互动交流：BB 论坛讨论板、虚拟课堂，微信、QQ 群 学习资源分享：BB 项目文件夹、Wiki 资源分享存储：BB 教学活动管理：教学计划管理器、小组管理器 教与学分析：题库管理器、评分工具、测试管理器、调查管理器
中医诊断	整合后的数字化学习环境：Blackboard 9.1 互动交流：sina 微博群、YY 语音、QQ 群 学习资源存储与分享：BB 平台、微信公众号 教与学评价分析：作业、题库管理器、评分工具、测试管理器等
环境管理	整合后的数字化学习环境：Blackboard 9.1 学习资源存储与分享：BB 平台 教与学评价分析：作业、题库管理器、测试管理器等

1）根据教学需要综合应用各类信息技术

绝大多数教师并没有将信息技术应用囿于 BB 平台自身，都完全从教学的实际需求出发，针对性地选择最合适的信息技术手段以提升教学效果。

如"生理学课程"主要是以在线教学为主，可以看到其所选用的信息技术手段几乎贯穿于整个教学活动之中，PBL 的学习资源很多是在项目小组研究中不断生成，所以教师采用了云存储、优酷等更便于师生分享资源的技术平台。同时因为 PBL 教学模式更注重个性化的交流与指导，在师生互动方面综合采用了多种实时、非实时工具。而在"中医诊断课程"中，其主要目的是用信息技术解决面对面教学难以进行基于案例的个性化诊断辅导的问题，所以教师也选择了很多主流社交媒体以实现非实时与实时的互动。而"市场营销"与"环境管理"则以翻转课堂为主，技术更多是在知识传递以及知识掌握反馈方面发挥作用，所以看到两位教师更多是选择 BB 自身提供的资源发布、题库与作业功能。

2）以平台整合各种信息技术提供一体化数字化学习环境

虽然教师使用了多种信息技术手段，但这些信息技术并非是分散的，而是以教学活动的开展为主线，发挥 BB 平台与其他软件的兼容性作用，将各类教学技术汇聚于 BB 平台，为学生创设良好的一体化数字学习环境。

3）教师的教学技术与学生的学习技术相互交融

与此同时，我们可以看到四门课程所选用的信息技术手段，不仅仅是作为教师的教学内容呈现、教学活动组织、教学评价实施等教学活动的支持，而且是学生必须要使用的学习技术。教师的信息技术应用与学生的信息技术应用两者的交融，共同构成基于信息技术的教与学的活动过程。例如在"中医诊断学"课上，教师将医生门诊实况音频放在 BB 上，学生登录 BB、sina 微群和 YY 语音室中。老师将基于实况音频的问题发布到 sina 微群，学生先在 BB 上听门诊音频，再在 sina 微群中发布各自答案。当学生回答完作业后，老师通过 YY 语音软件进行实时评价。整个过程均采用录屏软件录制成视频文件并发布到 BB 网站上或者视频分享网站（如优酷，QQ 视频网等），学生训练结束后，仍然可以看到本次案例式教学的全部内容。

4. 重视信息技术对教与学影响的反思

归根结底，信息技术的应用必须要落脚于学生学习效果的提升上。在这一点上，每位教师在案例总结与反思中都提到，更有个别老师，用定量的数据来说明教学效果。总体来讲，教师对信息技术应用于教学的效果主要关注以下三点：

关注学生学习兴趣。大学生对很多课程没有学习兴趣，作为数字土著的大学生更多是将信息技术用于娱乐、生活，而非学习，这是当前我国大学教学中面临的主要难题之一。将信息技术应用到教学能否改善或解决这个问题，是教师所关注的核心要点。如在"中医诊断学"课程中，教师通过问卷调查发现学生对利用社交媒体进行学习感兴趣，对混合学习模式的接受程度都超过 90%，基于网络平台与社交媒体相融合的互动式混合学习模式更容易被 90 后学生接受。在"市场营销"课中，通过访谈发现学生对课程的兴趣提高，大多数学生认为达到了课程大纲所述的学习目标；并发现在基于网络的翻转课堂教学模式中，学生课后课程学习投入的时间是传统模式的 2 倍多。"环境管理"课中，教师也认为学生学习状态、学习兴趣、学习态度、思维方式都有了很大的改善，学生能力得到了全面训练和提升。

关注学生学习成绩与效果。在"中医诊断学"课程中，教师通过对不同学习模式下的学科考试成绩的对比，发现在 90 后学生中平均分均有显著性提高。在"市场营销"课中，发现采用基于网络的翻转课堂教学模式，学生课下课程学习投入的时间是传统模式的 2.25 倍，总评成绩提高了 5.5 分，优秀率提高了 15% 左右。"生理学"课程学生的自我评价中都提到了在知识深度学习、知识的迁移上有很大提升。

看重同行学校与社会上的认可及推广价值。作为利用信息技术进行教学改革的教师，也非常重视自己的努力是否得到同行、学校、社会的认可，因为这种认同和成就感是让其不断探索下去的动力之一。如在"环境管理"课程中，教师的这种教学创新探索得到了学院与学校的高度认可，在院、校级的多次会议中介绍经验，并获得了学校奖教金、教学成果一等奖、所在省教学成果三等奖。如"生理学"课程教师不仅发表教学研究论文以总结和分享其教学改革的成功探索，并将教学平台分享到行业内的知名专家，获得其肯定。

5. 应用信息技术教学的困难问题

在前面的问卷调查中，我们对大多数教师将信息技术应用于大学教学中的问题与困难有了一定了解。那么这些对信息技术应用于教学做出卓越探索的教师，他们遇到了怎样的问题？四位教师中有两位教师提到了其所遇到的困难。

"环境管理学"课程教师认为很多探索工作还只是局限于将信息技术定位为传统讲授模式下的辅助工具，还没有充分发挥现代信息技术在教学中的先进作用。在现代信息技术的支持下，如何从根本上改变传统的课堂教学观念与模式，如何科学、高效、合理地将信息技术应用于学科教学之中，促进学科教学过程的改革，无论是在理念层面还是操作层面都存在一些问题需要我们认真思考和讨论，这也是大学教学研究中亟待解决的现实课题。"市场营销学"课程教师提出要加大应用、推广"学习者为中心的教学范式"和研究的深度，在翻转课堂、SPOC方面做出进一步的实践与研究。

从这两位教师的反思中可以看出，最让其感到困难的并非是技术手段，也非花费的太多时间与精力，而是信息技术与教学融合的理念与模式。

六、我国高校信息技术与教学融合特色

综合问卷调查、访谈及个案的分析，课题组认为当教师持有某种教育理念，对整门课程教学模式有意识地进行系统设计，从如何提升学生学习目的出发去选择和应用信息技术，是最有可能实现信息技术与教学融合创新的方式。以下对我国高校教师教学中的信息技术应用的现状与问题，以及成功经验做一概括。

1. 应当按照需求综合使用多种信息技术

信息技术与教学的融合，不是分门别类的逐一去探讨某种技术该如何与教学融合，而是从教学需求出发，发挥不同信息技术的优势，以达成在两者融合中提升学习效果的目的。因为没有哪种信息技术是能完全替代其他信息技术，也没有哪种信息技术能满足所有的教学需要。我们从"生理学""中医诊断学"中可以看出，教师从教学实际需求出发，综合应用教学平台、社交媒体、网络云存储、视频会议系统等多种信息技术以提升教学效果。

多数教师在教学中应用信息技术还有很大提升空间。从问卷来看，除了PPT与

Word、电子作业、电子终端设备这三项教学技术手段已在多数教师中普及，资源网站或网络平台、在线测试、学科工具、社交媒体、虚拟仿真、教育游戏等信息技术手段的应用都低于 40%。与四个案例中教师在教学中应用的信息技术手段多样性、丰富性、层次性、目的性相比，大多数教师还有很大的提升空间。

2. 在深度融合实践中转化资源与精力短缺难题

缺乏资源、时间与精力投入太多，这是长期影响和制约高校教师教学中应用信息技术的问题。各级政府，学校都出台系列政策、资金、项目支持，然而两个问题仍然存在，可能说明我们对问题的认识或解决措施还不到位。

就缺乏资源这一问题，在 2013 年对高校 10 位教师的访谈中，教师提出不是没有资源，而是资源陈旧、过时。此次调查中多数教师都会在课程内引入外部资源。可以看到缺乏资源并非说是没有资源，而可能是资源与教师需求的契合性、资源的更新力度不能满足教师需要，这是更为深层的资源问题。因为高校在课程教学中有极大自主性，即使名称相同的两门课程，在内容上都有很大不同，所以由政府推进的资源建设项目只能解决有无问题，而不能解决个性化需求问题。面对教师对资源更高层次的需求，如何解决还有待进一步调查与分析。

就时间和精力投入太多这一问题，在此次调查的四个案例中，每位教师都付出了很多精力，但并没有教师认为付出精力太多。教学效果的提升、所获得外部的奖励与认可，其所得与所付出成正比例，再加之对其很有兴趣，并未让教师觉得这是困难。在 2013 年对高校教师的访谈也证明了这一点，有五位教师认为"能一直坚持十多年做网络教学，主要还是个人的兴趣，不会因为教学量、工作量的问题而选择，学生的评价及毕业之后的体会就是一种回报。虽然没有人会来考核我的课程，但付出之后看到学生的收获和提高还是很开心的"。此次调查中，"认为技术对教学无用、教师自身技术能力不足"是所有困难中排位最低的两位。可见教师对信息技术、对教育价值的认识到位，技术能力具备，缺的可能就真是兴趣了。如何让教师喜欢上用信息技术开展教学可能是我们要深入思考的问题。

综上所述，教师在信息技术教学中遇到的问题不再是简单的技术问题，随着高校教学信息化的发展及教师对信息技术应用层次的加深，所遇到问题就越触及教育信息化核心问题，多是信息技术与教学融合的理念、模式、方式、方法等需要深入研究的难题，对这些难题的研究与解决正是不断推动信息技术与高校教学深度融合的动力与契机。

3. 高校信息技术与教学深度融合的新常态①

信息技术应用于高校教育教学大体经历了如下发展历程：信息技术辅助下的传统课堂面授——以课程网站和教学视频为主的教学资源建设——以混合式学习为主要特征的网络辅助教学——大规模开放在线课程及其衍生形态。北京毕博信息技术有限公司的一项针对高校校内课程开设情况的调查显示，目前高校课程采用混合式学习占60%～70%、完全传统教学占30%～40%、精品课程占1%、公共通识课占1%、MOOC占0.1%。由此可见，网络辅助教学已经开始被更多的高校及其教师所采用，日益成为当下中国高校信息技术与教育教学融合的新常态。

教学资源的建设主要包括教学资源库、课程网站、精品课程、视频公开课、精品资源共享课等，它使得教师个人的无形教学资源有形化，特别是大学中最为稀缺的名牌教师的教学智慧和行为得以保存和传承，便于教学资源的展示和共享，但是它的缺点就是缺乏师生互动，容易造成资源建设与教学过程相脱节，陷入"叫好不叫座"的尴尬之地。

混合式学习教学模式正引发大学课堂教学的四大转变：即，以教为中心向以学为中心的转变、以专业教育为主向通识教育与专业教育相结合转变、以课堂为主向课内外结合转变、以结果评价为主向以结果和过程相结合评价转变。教学方法多采用探究性教学、项目教学、案例教学等方法，网络教学平台辅助下的学生分组、讨论版、基于学生学习行为数据的形成性评价则成为此类教学模式的重要特色。其教学设计的基本原则是课前学习与反馈—课中面授与理解—课后内化练习与讨论—学习评估，它有利于实现教师的因材施教，学生的自主学习、协作学习和个性化学习指导，便于展开形成性评价，只是在开展以混合式学习为主要特征的网络辅助教学初期教师投入的工作量较大，与此同时，教学质量的高低严重依赖于教师的教学设计能力。

4. 新常态下的应用类型及特点

在高校信息技术与教学深度融合的新常态下，网络课程建设最为核心，它的建设模式大致分为"以资源为中心""以教材为中心""以平台为中心""以活动为中心"等四种方式，其典型应用类型及其优缺点，如表4-47所示。

---

① 根据陈永红在"高等学校教育技术与教学深度融合高层论坛"的《教学信息化优秀案例特点及趋势》讲座而改编。（中国福州2015.9.24）

表4-47 课程建设模式

建设模式	典型应用	优点	缺点
以资源为中心	精品课程、精品共享资源课程；视频公开课	教师个人的无形优质教学资源有形化；形成共享资源库	教学活动依赖于课堂；缺乏对学生资源利用的引导
以教材为中心	教师自建课程网站、网络课程、电子书等	教材全面数字化；配合教师按照传统的方法进行教学	典型的电子书结构；传统教学方法没有改变
以平台为中心	视频课程平台；专项课程平台	与教学内容相结合；使用简单、管理方便	教学内容和教学过程不灵活；不能满足多样化的教学模式
以活动为中心	以混合式学习为主要特征的网络辅助教学	明确的教学目标、任务、方法和活动；便于因材施教；较强的师生、生生互动	教师要有教学设计能力；教师初次实施工作量大

网络辅助教学在提高教学效率，减轻教师工作量方面主要体现在：基于网络教学平台的作业布置和提交以及根据题库自动组卷进行测验方便快捷，作业和测试成绩的统计、作业的防抄袭检查等功能，很容易诊断教学问题，将教师从重复性的劳动中解放出来，使教师有更多的精力关注教学设计方面，以减轻教师人为的工作量，从而提高教学效率。同时翻转课堂、项目教学、移动学习等教学模式与方法借助网络教学平台能更好地实施。此外基于网络教学平台的教师教育技术培训课程与教师专业发展也大有可为，比如在线资源库、论文库、教学研究文档、教师培训课程等专题板块的建设。

总之，网络教学平台已经能够支持教学全过程，包括教学大纲、课程教案、教学资源、课堂面授、课后复习、课后作业、作业评估、课堂测验、答疑辅导、考试、成绩评估、成绩统计等。具体来讲，采用网络教学平台辅助教学可以使传统的教师教案、教学辅导材料、学生笔记数字化，以PPT讲稿、教学文档、视频资源、网络链接存储、共享、发布的形式存在；平台上留作业、客观题自动判分、主观题助教评判、学生互评、讨论版支持下的师生同步、异步互动等变得方便快捷，同时便于教师设立题目进行学生分组讨论，并记录学生讨论行为和结果；此外学生访问资源次数、论坛发帖数量、作业提交时间、尝试次数等学生学习行为数据很容易被系统自动记录下来，以便平台成绩中心将形成性评价和总结性评价按需要进行灵活组合给出有针对性的学习指导，这一切教学过程的数字化标志着信息技术与教学的全面深度融合。

5. 推动高校信息技术与教学深度融合的路径

当前我国高校信息技术与教学深度融合依然还会以信息技术推动教学方法的改革为抓手，从网络自主学习、混合式协作学习、形成性评价等三个方面促进高等教育教学信息化的纵深发展。

1）路径一：网络自主学习

大规模开放在线课程及其衍生形态（MOOCs、cMOOCs、xMOOCs、MOORs、SPOCs）的日益盛行，使得完全在线教学、有教学进度和过程控制、完全自主学习成为未来 3 ~ 5 年高等教育教学的一种重要形态，给传统高等教育办学模式带来了前所未有的挑战和发展机遇。最为显著的特征就是"以学生为中心的教学"日益普及：理解学习目标和任务，学生有多样化的学习路径、能够拥有网络自主学习空间，并按照自己的步调节奏进行个性化的自主学习、可以开展自我检测，能够坚持学习反思并与同伴、教师交流互动。

2）路径二：混合式协作学习

超越个体的混合式学习，走向基于小组或团队的混合式协作学习，以集众成智。这种学习模式一般经历如下过程：创建小组或团队；师生、生生共同商讨探究主题；建立资源共享机制，推进"消费式"学习向"产出式"学习转变，鼓励学生将好的资源与他人分享；充分利用网络教学平台和社交媒体工具加强交流与互动，积极开展自评与互评以及成果展示。其中学习共同体的创建、小组作业的明确与有效完成、支持小组活动工具（wiki、博客日志、讨论版等）以及项目教学、探究性学习、案例教学等具体教学方法的恰当使用是混合式协作学习是否取得成效的关键环节。

混合式协作学习不仅仅重视学生对技能与知识的掌握，更关注协作能力、批判性思维和创新意识的养成。正像耶鲁大学前校长理查德·莱文在他的演讲集《大学的工作》中提到的那样，耶鲁致力于领袖人物的培养。在他看来，本科教育的核心是通识，是培养学生批判性独立思考的能力，并为终身学习打下基础。

3）路径三：基于学生学习行为和成果的形成性评价

传统教学评价基本上由平时小测验、期中测试、期末考试所组成，很难实现对学生学习过程的动态跟踪和诊断问题，网络教学平台使得基于学生学习行为和成果的形成性评价成为未来教学改革的趋势。教师和助教评价以及学生自评与互评构成了主观评价，而教学平台系统能够针对学生的作业及测试情况自动评判打分，这部分由系统给出的客观测评与上述主观评价呈现在系统的成绩中心，动态地给出学生每次学习的成绩；教学工具支持的学生作业、测验、考试、讨论版、日志、博客、Wiki 等，可以很直观地观察到学生学习参与的过程和效果。学生浏览课程、PPT 讲演稿、教学视频、教学文档等教学资源也会被系统自动记录下来反映学生学习的时长和频次，这些数据对于了解学生学习态度、情感投入、采用的学习方法和过程都非常有帮助（见图 4 - 13）。总之，根据学生学习的行为数据，对其学习进行跟踪监控，构成动态的形成性评价，以提供个性化的学习指导和帮助。

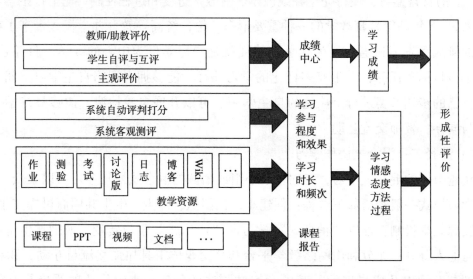

图 4 - 13　基于学生学习行为和成果的形成性评价

第五篇

发展趋势与挑战

——推进"融合"的发展趋势、现实挑战及对策建议

自 20 世纪 70—80 年代以来，在以多媒体、计算机、互联网为代表的信息技术推动下，人类社会进入信息时代已经小有时日。30 多年来，信息技术的发展，尤其是互联网、移动互联网等网络信息技术的发展，广泛融入于世界各个领域，深刻改变了人类的生产、生活、思维等方式，对教育同样产生了革命性影响。伴随新理念和新技术的不断涌现，信息技术与课程的整合日渐深入，与之相适应的信息化教与学新模式也呼之欲出。

信息技术与教学深度融合不仅仅是以信息技术去改变教与学环境、教与学方式，而是教育的重大结构性变革。课堂教学是教育工作的主阵地，"课堂教学模式的变革"是学校教育系统结构性变革的核心。教师是教学模式改革的主体，是实现信息技术与教学深度融合的最为核心的要素。信息技术与教学深度融合是从强调作为独立个体的信息技术与教学两者的"结合"，到强调信息技术与教学两者之间相互渗透的"整合"，再到强调二者相融为一体产生新的教学形态的"深度融合"。

一、信息技术与教学融合的热点回顾

信息技术的快速发展给人类的学习带来了巨大变革，我们正逐步从数字化学习

（Electronic learning，E－Learning）、泛在化学习（Ubiquitous Learning，U－Learning）
走向智慧化学习（Smart Learning，S－Learning）。这场变革的核心是教学模式与学习
方式的创新，具体表现为基于班级授课制，强调知识传递、以教定学的知识传授模
式逐步让位于基于信息化环境的强调问题中心、以学为主的整合探究、混合式学习
模式、网络化学习模式、泛在化学习模式等信息化教与学的新模式。在社会信息化
与人类学习方式变迁的大背景下，智慧教育、混合学习、翻转课堂、慕课、微课等
为教与学的进一步发展提供了新的思路，这些教学实践无疑会对我国教学改革起到
促进作用，加速教育信息化的进程，逐渐成为国内外教育改革的新浪潮与热点话题。

1. 智慧教育

21 世纪以来，新一代信息技术、建构主义和宏观社会教育系统理论、国际开放
教育资源运动三股力量为信息化环境中的教育教学改革提供了技术环境、变革理念
和开放资源。以移动互联、物联网、云计算为代表的新一代信息技术，既对教育教
学系统的变革产生了巨大的推动力，也为创新教学模式提供了无所不在、方便快捷
的技术保障。最近几年风靡全球的著名大学视频公开课、可汗学院、TED 视频等国
际开放教育资源，日益成为学习生态系统中的重要组成部分，为课程的设计、开发、
共享和应用提供了创新理念。

智慧教育是经济全球化、技术变革和知识爆炸的产物，技术推动下的智慧教育
发展已是大势所趋，正在成为信息时代全球教育改革的"方向标"。作为教育信息化
的高端形态，智慧教育已经成为当代教育信息化发展的新境界和教育现代化追求的
重要目标。从生态观的视角出发，智慧教育是依托物联网、云计算、无线通信等新
一代信息技术所打造的物联化、智能化、感知化、泛在化的教育信息生态系统，是
数字教育的高级发展阶段，旨在提升现有数字教育系统的智慧化水平，实现信息技
术与教育主流业务的深度融合（智慧教学、智慧管理、智慧评价、智慧科研和智慧
服务），促进教育利益相关者（学生、教师、家长、管理者、社会公众等）的智慧养
成与可持续发展。[1]

智慧教育是一个宏大的系统，包括智慧环境、智慧教学、智慧学习、智慧管理、
智慧科研、智慧评价、智慧服务等核心要素。从设计者、教学者和学习者的视角出
发，智慧教育以智慧环境为技术支撑、以智慧学习为根本基石、以智慧教学法为催

---

① 杨现民. 信息时代智慧教育的内涵与特征 ［J］. 中国电化教育，2014，（1）：29－34.

化促导的教育信息化的高端形态。① 创新应用科技提升教育智慧，打造和谐、可持续发展的教育信息生态系统，培养大批智慧型人才，是信息时代智慧教育的终极目标。②

与传统信息化教育相比，智慧教育呈现出不同的教育特征和技术特征，主要表现为：信息技术与学科教学深度融合、全球教育资源无缝整合共享、无处不在的开放按需学习、绿色高效的教育管理、基于大数据的科学分析与评价；技术特征主要表现为：情境感知、无缝连接、全向交互、智能管控、按需推送、可视化。智慧教育是对未来教育模式的创新性探索，具有强烈的现实需求和技术条件。在技术变革教育的大背景下，我国发展智慧教育具有重大战略意义。

作为信息时代我国教育发展的必然选择和重要趋势，智慧教育也是破解教育发展难题的创新举措。目前，我国教育还不完全适应国家经济社会发展和人民群众接受良好教育期盼的要求，存在一系列发展难题，比如：教育观念相对落后，内容方法比较陈旧；中小学生课业负担过重，素质教育推进困难；学生创造力不足；城乡之间、区域之间教育发展不均衡；教育公平问题长期存在；高等教育规模飞跃式扩张导致本科教学质量下滑；各地校园安全事件频发，等等。智慧教育通过创新应用信息技术，提升教育系统运行的智慧化水平，有助于破解教育发展难题，从而形成突破点，带动整个教育系统的全面改革。③

智慧教育建设为我国抢占国际教育制高点，重塑我国在全球教育的影响力和地位提供了契机。技术推动下的智慧教育正在成为信息时代全球教育改革的"方向标"。智慧教育面向全体公民，既可以为正常人提供优质的、个性化的教育服务，又能够满足各类特殊人群的教育需求。袁贵仁部长在政协教育界别联组讨论会上阐述了他的中国教育梦，即"有教无类、因材施教、终身学习、认人成才"。④ 智慧教育运用科技服务教育，显著提升教育智慧，能够实现"学有所教、有教无类""人人教、人人学"的泛在教育，是对中国教育梦的进一步阐释和丰富，将加快我国学习型社会的建设步伐。

2. 混合学习

混合学习是学生接受面授教学和在线学习两种学习方式相结合的新学习方式的

① 祝智庭，贺斌. 智慧教育：教育信息化的新境界 ［J］. 电化教育研究，2012，（12）：5 - 13.

② 黄荣怀. 智慧教育的三重境界：从环境、模式到体制 ［J］. 现代远程教育研究，2014，（6）：3 - 11.

③ 杨现民，刘雍潜，钟晓流，等. 我国智慧教育发展战略与路径选择 ［J］. 现代教育技术，2014，（1）：12 - 19.

④ http：//www. jyb. cn/china/gnxw/201303/t20130308_530279. html

统称。混合教学应当是对混合学习方式的有效指导，使之更好地完成课程设计要求达成的教学计划。

联合国教科文组织原副总干事、英国开放大学原副校长约翰·丹尼尔爵士，在接受上海开放大学开放教育国际研究院翁朱华博士等人的访谈时，对混合学习的概念做了详细阐述。他指出：当前高等教育机构提供的实际上是混合教授，而学生究竟是如何采用不同媒体进行学习的，至今仍不得而知，所以事实上混合教学（blended teaching）和混合学习（blended learning）是不同的。对此他推介托尼·贝茨对"blended learning"（混合学习）和"hybrid learning"（复合式学习）两个词所做的区分，即：所有技术和面授教学相结合的学习都可以称作"混合学习"（blended learning），一端是学生使用一些技术辅助学习，另一端是教育机构有计划、有目的地把技术应用和面授教学相结合；而"复合式学习"（hybrid learning）是指对整个教与学系统进行重新设计，在面授学习和在线学习之间实现最佳的协同作用。

实践中单门课程的混合学习或复合式学习，适用于课程体系的设计，已经开始在一些短期课程（被称作"专门课程"，Specialisations）中应用，基本是完全在线。这些课程一般由"提供方"（provider）的大学开发，通过"主持方"（host）的大学发送给学习者，学生可以借此修读一门或更多的专门课程。还有一些课程由合作公司全程管理学生学习进程（包括注册、学习进度、作业订正及最终考核），由"主持方"高校计算学分而列入成绩单。

实现面授教学和在线学习最佳组合，一要研究面授教学和在线学习的相对优势，二要选择帮助学生未来发展的教学内容，三要思考实现最佳组合的原则。

关于面授教学和在线教学的相对优势，约翰·丹尼尔爵士通过三项研究成果说明，在线学习的优势逐步凸显，开展网上学习的学生比单纯接受面授教学的学生表现更好；而单纯的网上学习与面授教学之间差距并不明显；混合学习需要更多时间投入，需要增加教学资源及课程内容以鼓励学习者之间的互动和交流。因此不能简单地把课程搬到网上，而是要求教学设计在保持面授教学的同时补充在线学习，"在面授教学和在线学习中实现最佳的协同作用"。一般情况下，"混合"教学设计以在线学习作为首选。

关于帮助学生未来发展的教学内容，约翰·丹尼尔爵士首先强调关注学生需要的教学环境。他引用美国学者的研究发现"在大学学习了四年，36%的学生没有任何重大的进步"。问题在于有32%的学生不选择每周要完成超过40页阅读任务的课程；有一半学生不选择每学期必须写超过20页论文的课程；学生平均每周只有12~

14 小时学习时间，其中大部分时间是小组学习。如果开展在线学习能为学生所喜爱，他们会更努力、更深入、更独立地学习。同时要关注什么技能和知识可以帮助学生为未来生活做好准备，这关系到课程设计及教学内容。

关于实现最佳组合原则的思考，约翰·丹尼尔爵士一是强调在线学习应该成为首选方式，强调凡是可以通过在线方式实现的都应该在线完成，充分利用开放教育资源来提高学习质量；二是强调由教学团队及专业化教学取代作坊式的教学方式，关键任务是与学生交互活动，教授挑战性学术知识及高难度技能；三是关注学习结果，确保扩大学生学习选择后的效果。

从慕课到混合学习，必须真正实现面授教学和在线学习最佳协同的复合式学习。这需要改变一个教师面对众多学生讲课的方式，要求教师在面授教学中重点评估学生独立完成的作业、分小组以学徒培训方式传授的复杂技能及具有挑战性的学术知识。未来，复合式学习有可能重塑高等教育供给模式，充分满足学生的多样化需求。

3. 翻转课堂

翻转课堂（Flipped Classroom 或 Inverted Classroom）就是在信息化环境中，课程教师提供以教学视频为主要形式的学习资源，学生在上课前完成对教学视频等学习资源的观看和学习，师生在课堂上一起完成作业答疑、协作探究和互动交流等活动的一种新型的教学模式。[①] 这种新型的教学模式从教学结构流程、教学理念、师生角色、教学资源、教学环境等方面对传统教学模式进行颠覆，从而大大促进了技术与课堂教学的深度融合。

首先，从教学流程的角度看，翻转课堂颠覆了"教师讲授 + 学生作业"的教学过程。传统教学通常包括知识传授和知识内化两个阶段：在知识传授阶段，教师在课上完成对课程内容的讲解，学生则完成对课程内容的接受和初步理解；在知识内化阶段，学生在课下运用所学知识完成作业和练习，强化对知识的深度理解。翻转课堂则把知识传授的过程放在课下，学生在上课前完成对课程内容的自主学习；把知识内化的过程放在课上，课堂的大部分时间用于学生的作业答疑、小组的协作探究以及师生之间的深入交流等。[②]

其次，从师生角色的角度看，在传统课堂中，教师是知识的拥有者和传播者，而学生通常处于被动接受知识的地位。在翻转课堂中，教师的角色由原来在讲台上

① 钟晓流，宋述强，焦丽珍 . 信息化环境中基于翻转课堂理念的教学设计研究［J］. 开放教育研究，2013，(1)：58－64

② 朱宏洁，朱赟 . 翻转课堂及其有效实施策略刍议［J］. 电化教育研究，2013，(8)：79－83.

布道传授的"演员"和"圣人"转变为教学活动的"导演"和学生身边的"教练"，而学生则由原来讲台下被动接受的"观众"转变为教学活动中积极主动的参与者。学生在教学过程中有更多的自由，但教师也不是对学生放任自流，而是在总体进度已定的情况下，学生可以按照自己的实际情况安排学习进程。翻转课堂有助于真正实现以学生为中心的因材施教和自主学习。

再次，从教学资源的角度看，短小精悍的教学视频（有时也被称为"微课"）是翻转课堂教学资源最为重要的组成部分。教学视频通常针对某个特定的主题，长度维持在 10 分钟左右，通过媒体播放器，可以实现暂停、回放等多种功能，便于学生在学习过程中做笔记和进行思考，这有利于学生的自主学习。在课下观看教学视频，学习的氛围更为轻松，学生不必像在课堂上听讲那样紧绷神经，担心遗漏。在遇到问题时学生也可以通过网络与教师和同伴进行交流，寻求帮助。教学视频的另外一个优点，就是便于学生在一段时间学习之后的复习和巩固。

最后，从教学环境的角度看，翻转课堂通过功能全面的学习管理系统（LMS）整合线下课堂与网络空间。作为实施翻转课堂教学的基础性平台，学习管理系统可以帮助课程教师有效组织和呈现教学资源，动态地记录学生的学习过程信息，及时了解学生的学习状况和遇到的困难，进而能够做出更有针对性的辅导；将课堂上的互动交流拓展到网络空间，师生交互的时间和效果都会大大增加；学生依托学习管理系统可以方便地建立起学习共同体，协同完成学习任务。

总之，"翻转课堂"能体现"混合式学习"的优势、有利于实现个性化学习与教学，翻转课堂利于教育人性化，"翻转课堂"更符合人类的认知规律，"翻转课堂"有助于构建新型师生关系，[①]"翻转课堂"能促进教学资源的有效利用与研发，[②]"翻转课堂"是"生成课程"这一全新理念的充分体现，翻转课堂有利于提升家长的监督参与度。它与传统教学相比具有突破传统课堂局限、重构教学结构流程、体现教学新理念的优势。

翻转课堂的案例并不是教学技术或者设备的革新，它再次向人们证明了一个事实，即技术并不完全是有形的媒体和硬件，流程的变化也能带来生产力的巨大变

---

① 王红，赵蔚，孙立会，等. 翻转课堂教学模型的设计——基于国内外典型案例分析 [J]. 现代教育技术，2013，（8）：5 – 10.

② 何克抗. 从"翻转课堂"的本质，看"翻转课堂"在我国的未来发展 [J]. 电化教育研究，2014，（7）：5 – 16.

革。[1] 翻转课堂模式颠倒的是传统的教学结构流程和教学理念。翻转课堂模式颠倒的是传统的教学结构和教学理念，而可汗学院最大的特色和成功之处在于应用微视频和相应的一整套新型组织管理模式，改变传统课程教学体系，使之更适合于网络课程学习者的特殊性。

二、信息技术与教学融合的趋势展望

在通往信息化社会的道路上，我国的信息化发展水平和发达国家虽有差距，但并不明显，尤其在教育信息化领域，经过多年的重点投入建设，某些方面已经走在了国际前列。未来需要我们努力在信息化环境中，扎实推进教育理念、教学对象、教学目标、教学模式、教学过程、媒介手段等诸多方面实现深刻的变革。

1. 互联网带动新的学习观和教学观，专业课程亟待重新设计构建

所谓正规课程受到了极大挑战，一方面是互联网上的非正式学习，那种参与文化受到学生青睐，另一方面是培养方案中的合作课程（Co - curriculum），因其实践性强，接地气，深受学生欢迎。两相挤压下，学生们不再喜欢静坐着接受老师的灌输。

早在 1995 年，Rober Barr 和 John Tagg 就提出"后课程时代"（Post - Course Era）已经到来，高等学校的教育工作正在从教学范式向学习范式转变，即从单纯提供知识信息到综合设计学习体验，从关注向学生的知识输入到关注学生的创新应用产出，从聚合分散的教学活动到推进整体化教学设计。他们认为这样的范式转换至少要有数十年才能完成[2]。至今二十年过去了，我们对学习的认识在不断深化，而新的认知与现有的高等学校教学模式有很大冲突，高校领导人需要重新考虑教学工作的课程形式及结构问题，那种边界清晰的、孤立作为主要学习发生场的传统课程将会寿终正寝。

美国大学协会（AAC&U）早在十年前就对大学课程存在的问题进行了批评，认为大学课程由教员或院系决定，培养方案在诸课程之间缺乏内在一致性，甚至不是一个有关联的学习计划，虽然这十多年来课程改革不断，但都没有改变这个基本情

---

① 王红，赵蔚，孙立会，等. 翻转课堂教学模型的设计——基于国内外典型案例分析［J］. 现代教育技术，2013，(8)：5 - 10.

② Robert B. Barr and John Tagg, "From Teaching to Learning: A New Paradigm for UndergraduateEducation," Change, November/December 1995.

况。2008 年美国学生参与度调查项目对"高影响实践"活动的调查发现，大学生认为收获很大的、难忘的大学经历都是需要他们投入时间和精力的课程，且多是合作课程、课外活动。这也在提醒我们正规的课程需要重新设计，将学生提供的对学习有高影响的要素用于课程设计和课堂活动组织，比如：设计能够让学生有更多的时间和精力投入的活动，提供与老师和同学交流所学内容的机会，提供不同的经历体验，让学生更常得到反馈，进行反思和集成式学习，通过实际应用找到与所学的关系，等等。

在这类课程实施过程中，技术会发挥重要的作用，比如，技术使得一些过去只能用在小班的策略在大班也能使用，甚至在更大范围内还能发挥作用；另外像学习档案袋这样按照学生而不是按照课程来组织学习成果，可以促进学生将关注点从单门课程扩展到更广泛的受教育过程，从而建立起培养方案在课程之间的一致性。其他学习技术工具也可以有类似的作用，比如在课程设计的时候有意识地将课程与其他课程或其他实践活动关联，或者设计的作业超过课程本身，如关联生活经历、关联其他课程或大型实践社群等，都可以为现在的正规课程增加"高参与度"要素。这也就是说，面对第一种来自实践类课程的挑战，教师要有课程设计的自觉意识。

对于第二种来自网络的参与文化挑战，教师要认识到网络参与文化的特点：较低的进入门槛，强力支持分享，得到非正式的指导，建立与他人的关系感觉，对所创造的有所有权感，共同面对危险等。课程可以借鉴的是：帮助学生建立一种社群归属感，一种集体投入感，一种互帮互助/被指导的感觉，一种对所创造的东西感到有价值和意义感。

总之，学生学习应该成为高等教育的核心，过去要求学生自己将无关联的课程串成培养体系的做法是有问题的，除非课程本身就是这么设计的。因为这样的范型变迁对老师和学生都是很大的挑战，所以合作教学设计、学习过程记录和基于数据决策就很关键了。体验式学习模式（experiential modes of learning）正在从边缘走向中心，并将对本科生培养质量和培养价值产生关键性影响。传统的正规课程亟待重新设计，以具备体验式课程所具有的优势要素。

2. 技术支持个性化学习，推动大学课程模块化、学制弹性化

随着开放教育运动的发展和普及，高等教育教学方面有如下三个发展方向：

一是课程的个性化定制及弹性学制（personalization）。一方面现在的数字化教学资源越来越丰富，学习环境对学习的支持也越来越友好，另一方面学生也喜欢数字化学习所带来的灵活性，愿意使用数字化学习资源来完成学业或取得学业成功。这

都使得未来的高校培养方案将更加个性化，高等院校需要适应这样的需求。例如MIT 正在探索的课程模块化改革，学生和老师都可以组装这些课程模块，而形成个性化的教育路径，就好像在 iTunes 中建立音乐播放列表那样，形成自己的受教育路径。

二是采用混合学习模型的教学（adoption of hybrid learning models）。幕课对高等教育的影响在于加速了高等教育向在线教育方向迈进的步伐。近年来，在线学习已经贯穿各类高等教育，即使以师生亲密接触的面授教学为荣的高校，也已经出现在线学习的要素。在师生修改课程追求更加个性化学习目标的过程中就会用到混合学习。

三是分析日益增加的大数据（analysis of ever – increasing amounts of data）。针对高校信息化发展带来的大量数据，人们希望通过对这些数据的分析确定学校战略目标的实现进程。在教学方面，希望对学生学习行为的分析能够真正帮到学生，比如对学生行为提供预警，在问题严重之前提早干预。

可以说，信息技术是高校学习的助力器，与教学相关的每个环节都离不开信息技术。对于高校 IT 人员来说，要将信息技术从基础设施的视角，转变为数字化学习环境，关注点是技术支持学生的学习和学习过程，而不是所使用的技术。

3. 高校不再是专业课程的唯一提供者，在线教育供给日益多元

慕课运动给高等教育界带来的最大冲击是一些新型高校的出现，特别是由资本市场支持的网络教学为主的高校，如美国的 UniversityNow，Minerva，这些新兴高校如同"盗火者"将原先少数人才能享用的、稀缺的高等教育资源平民化、平价化，而支持这些新兴高校的基础设施就是网络，以及在其上的数字化资源和学习管理系统。这些非传统高等教育机构与传统高校之间的关系，从长远来看并不是对立的，而是互补的，一方面所服务的学生人群有较大的差异，另一方面，适应了学生在人生不同阶段的发展需要。

此外，在线课程联通了高等教育与职业教育，以"最后一公里"为特色对接新职业岗位要求的各类在线专业课程，由于很好地对接了企业人力资本需求，填补了高校专业调整慢、对接新技术变化的新课程跟进慢的短板，虽然价格并不廉价，依然很受高校高年级学生的欢迎。全社会迅速发展的互联网教育公司，将此称之为教育进入了"最好的时代"。

总之，信息技术的发展改变了高等教育的诸多方面，高等教育的未来是在向个性化适应性方向转变，要求学校和社会提供多样化的选择，这不仅使受教育机会增

加，受教育方式更为灵活，受教育路径可以订制，获得学位可以加速也可以减速，微学位、数字徽章将成为弹性学制的有机构成。

三、信息技术与教学深度融合的现实挑战

高校信息化发展需要六个关键技术和相应政策支持。面对高等教育的发展趋势，高校的学习生态系统要具有及时响应、个性化的特点，才能满足学生发展的需要。而要做到这一点，需要有六个关键技术和相应政策支持作为铺垫。

1. 自带设备，移动优先

曾几何时，在高校推广教学信息化的时候，如果使用公有设备，数量有限，不能经常使用，教学活动因此受限；如果使用自己设备，一些学生买不起电脑，或者因品牌过杂带来较多的实施管理问题，这些在一定程度上影响了高校教学信息化发展的进程。但现在这个情况已经大为改观，一方面是电子设备降价很快，学生基本都能够买得起电脑；另一方面，设备跨平台兼容性大为改观，特别是云平台和云服务推广，让管理变得简单。

对于中国高校来说，存在的挑战是：移动网络的建设赶不上接入设备数量递增速度，因此以什么样的方式（自建、外包、社会化）建设移动网络是学校需要做出的决策，是否允许或鼓励学生带自己的设备进教室、做实验，也是学校需要考虑的信息化发展政策；还有就是是否上云平台、是否采用云服务，这不仅是传统"拥有"内涵的变化，也会涉及信息化经费支出的政策，目前年服务费还很难在信息化年度费用中占主流。

不过，国外也有一些观察员指出：移动互联的好处是让师生不再依赖学校的 IT 部门的服务，甚至不依赖校园网络，可以使用社会上的各种资源，如用 GoogleDoc，Diigo 合作标签，VoiceThread 语音加注。换句话说，师生也许只需要使用网络，其余都可以使用公共资源，这使得师生与学校 IT 部门关系会发生很大的变化。换句话，高校的 IT 部门在"自带设备、移动优先"的理念下将面临转型的挑战。

2. 数字化教材和开放教育资源（OER）

目前国际几大教材提供商已经从单纯的提供教材开始向提供软件和服务转变，如提供测试、作业、学生信息系统和学习管理系统，围绕着教材提供对有效教学的支持，因为对教材提供附加价值更有利润。与此对应的是纸质教材价格上升，购买力下降，而开放教育资源在高校教学资源中的比例逐渐增大，许多学生不买教科书，

而是在网上查找术语的定义，教科书不再是必需品，是可选的。现在网上已经出现一些系统，帮助学生找到他们所需要的 OER，如 PearsonGooru 搜索引擎支持教师从不同书中挑选章节组成定制的教科书，还有 Boundless，OpenStax CNX 等。可以预见，教材会消失，取代的是各种各类资源，最重要的是 OER。

在国内，经历了精品课程项目的十年建设，现在慕课建设成为新的热点。慕课以及微课大赛带动了高校数字化教学资源以草根组织方式的建设模式，下一步就是在教学中使用这些数字资源开展混合教学，以及在应用的基础上建立自己的电子教材。这给学校教学管理也带来了挑战：是否允许教师使用别的学校教师的教学视频、如何计算翻转课堂教学模式的工作量、如何为教师开发数字化教学资源提供支持，都是学校信息化建设发展需要制订的配套政策。

3. 适应性学习和深度学习的技术支持

目前全球热炒大数据分析，基于学习行为分析的适应性学习技术被预测在未来 3~4 年会成为核心服务内容。国外做自适应学习系统且影响较大的主要是前面提及的几大教材出版社所做的围绕教材的增值服务，应该算适应性学习的早期技术。此外，关于深度学习技术的相关基础性研究，自然科学基金有一些课题研究。国内的适应性学习技术的研究还只是在实验室，真正走入实践的很少。

4. 集成化规划和指导服务（IPAS）

这个技术实际是与数字化决策系统相关的，即将 LMS 的学习分析与来自其他学生管理系统的数据放在一起，为学生提供集成化规划和发展就业方面的指导服务，以及预警服务。其基本技术既有数据挖掘，也需要与学生评价系统相关，比如香港高校推行十年的结果导向的人才培养模式（outcome - based education）和全人培养理念都需要基于数据和证据（evidence - based）来调整人才培养过程中的决定。

总之，信息时代高等教育的发展要求学校的信息化发展战略要融入人才培养的每个环节，要纳入学校主流业务。换句话说，学校的教学战略规划中应该有明显的教学信息化条款，且具体落实到对学校的人才培养目标的实现，而不能仅仅将信息化作为基础设施。

5. 学习空间的重新规划和建设

学习空间统指包括教室、自习室、实验室、创客空间在内的物理空间，从早期知识展示的空间变成了探究、发明和知识建构的场所，无线网络、移动可组合的桌椅、环教室投影幕、充足电源插座是必备，还有一些支持学生发现、发明的原材料和工具，如 3D 扫描、打印、示波器、无线投影机，等等，这些正规或非正规学习空间设计，是教育哲学的建筑化身。新的学习空间的建设在从知识的传授向着课程参与者共同建构知识方向迈进，影响到在这些空间所发生的学习活动。目前全球高校已经形成了诸多成功案例，国内新建校区中已有一些学习空间实践，但在整体系统化、集成度方面还有待提升。教育部信息技术标准委员会在这方面已经开展了一些工作，还需要进一步加强研究，同时推广标准应用。对学习空间价值的认识对国内高校来说，也是牵一发而动全身的挑战，并非锦上添花之为。

6. 新一代学习管理系统（LMS）

正如高校需要学生信息系统和事实数据管理系统一样，学习管理系统（LMS）已经成高校的必备装配，从 1997 年 LMS 出现到现在，美国 99% 高校至少有一个 LMS，与此相比，中国 LMS 的普及率差距很大，2014 年的调查显示只有 54% 的中国高校有 LMS，且不少高校并非全校推广使用。一方面这意味着中国高校教学信息化发展仍处于起步初期，从学校领导、教师到学生对于学习过程支持的价值、学习记录保持意义的认识还有待提升。另一方面，现有的 LMS1.0 是围绕教师和课程的，尽管 LMS 模型日渐成熟，但是对学生的学习支持能力还有限，比如在支持合作参与、探究学习方面明显不足。正在开发和云端推广的 LMS2.0 是围绕学习的，希望能够替代当前的 LMS 用综合的数字化学习环境来支持学生学习。任何学习管理系统都不可能满足所有需求，积木化、可组装将是新一代 LMS 的特点。

四、数字化项目需要系统化支持和管理

开放教育资源运动带动了一些专业领域学术资料的数字化工作，除了图书馆对于馆藏经典的数字化之外，一些院系尤其是人文学科采用数据化手段建立数据库、语料库、资料库的项目很多，不同部委机构甚至社会团体都可能会投资建设这样的人文数字资源库。但是，这种以项目经费建设的数字化资源项目，往往也会因为项目的结束、经费的耗尽而难以为继，比如资料过时、服务中断等，早期的国家精品课程项目就是一个例子，现如今的慕课建设也难保证不重蹈覆辙。对于这样的项目，高校应该担任什么样的支持角色？

现在技术的发展使得做动画、拍视频都变得更加容易，由学生和老师创作的数字化学术资料也会越来越多，对于这些数字化资料的收集、编目和传播目前还处于

无序状态，从某种角度来讲，这也是学校的财富。数字化时代讲究产品迭代，这些"草根"产品也是未来精品产生的基础。对于这样的数字化资源，高校又应该有什么样的管理策略？

在对高校老师的访谈中，我们会发现：有些数据化服务学校可能没有一个机构提供，有些数字化服务学校有多个部门提供，而且是免费资源还是收费服务，学校是否有以及如何维持高质量的技术人才队伍，都成为学校无法回避的问题。

1. 建议1：高校信息技术与教学深度融合需要整体规划

从学校战略发展角度制定专门的校园信息化发展战略规划和信息化建设规划，对于重点业务，如教学、人才培养、科研、数字化资源建设应该打破部门藩篱，从学校战略层面进行单列规划制定。我们看到MIT、斯坦福、牛津大学等学校都已经制定了基于信息技术发展的学校教学发展规划，其中有很大比例的混合学习和网络学习要素。

2. 建议2：对数字化资源建设项目给予重点支持和全面管理

数字化教学战略规划的实施，需要高校对数字化资源建设项目给予重点支持和全面管理，涉及：

（1）立项审批制度来决定什么样的项目可以得到学校的资助和支持，得到什么程度的资助和支持；

（2）需要明确部门的分工，对数字化资源建设项目提供全阶段的支持，比如哪个单位提供制作服务，哪个单位提供使用服务，哪个单位提供技术支撑，对谁服务、服务多久，分工、责任和义务都应该明确才有可能建立成功的网络化合作；

（3）协助进行持续的项目申请，即使只是运营也需要费用。

目前国外有些大学图书馆已经开始建立这样的服务，即所谓的"数字学术服务"（Digital Scholarship Service），也有的是IT部门提供类似服务。但是国内大学好象还没有开展类似的服务，应该是下一个五年高校信息化相关部门会出现的一个新业务，需要在学校层面上进行统筹规划，而不能把国外大学走过的弯路重新走一遍。这个业务的关键是把之前项目的经历形成经验和规范，给后来的其他项目提供借鉴，也只有这样才能让学校的数字资源项目越做越好。

3. 建议3：开展基于下一代数字化学习环境的基础研究

全球高等教育发展趋势揭示了未来的学习环境应该支持个性化、适应性学习，支持开放资源利用且允许整合多来源课程的个人学习环境。从目前所能涉及的范围来看，脱胎于斯坦福的 Canvas 系统有比较好的开放性，开源且能够安装 APP，有很好的扩展性。从高校合作组织机制创新来看，Unizin① 与当年的 Sakai 策略不同。中国高校教学信息化发展与国外发达国家相比还有很大的差距，其中一个原因就是国内高校教学平台只是在追随和模仿国外教学平台，缺乏自身独创性研究，在产品推广方面缺乏应用支持服务，其根源是立足于满足现有需求而不能引导和创造应用需求。在国内高校 LMS 没有普及但又急需上马的时刻，加速下一代数字化学习环境的研究和开发，非常必要且紧迫。

---

① http：//unizin. org/

后　记

　　2015 年 5 月 22 日，习近平主席致国际教育信息化大会的贺信中所说：因应信息技术的发展，推动教育变革和创新，构建网络化、数字化、个性化、终身化的教育体系，建设"人人皆学、处处能学、时时可学"的学习型社会，培养大批创新人才，是人类共同面临的重大课题。2015 年 12 月 16 日，习近平主席在中国浙江省乌镇举办的第二届世界互联网大会的主旨演讲中指出："以互联网为代表的信息技术日新月异，引领了社会生产新变革，创造了人类生活新空间，拓展了国家治理新领域，极大提高了人类认识水平，认识世界、改造世界的能力得到了极大提高。""互联网是传播人类优秀文化、弘扬正能量的重要载体。中国愿通过互联网架设国际交流桥梁，推动世界优秀文化交流互鉴，推动各国人民情感交流、心灵沟通。"讲话有助于理解信息技术在教育领域中应用的意义，同时增强我们将教育信息化建设及应用作为"信息惠民""文化交流"重要任务的责任感。

　　中国高等教育学会自 2014 年开始，将"高校信息技术与教学深度融合研究"列为年度重点专项课题进行综合研究。为准确反映我国高校在信息技术与教学深度融合方面的实践探索，学会聘请了我国知名教育技术及相关领域的专家进行深入研究、实地调研、专题研讨会上的经验点评和深度互动等，完成从国家政策与机制乃至具体信息技术与课堂教学融合案例展示的总体观察与分析。同时，面向全国高校开展了"信息技术与教学深度融合"案例征集活动，得到了全国各高校踊跃响应和参与，60 多所高等院校提交的 127 项案例中，涉及了地方教育管理或社会服务机构支持政策与推广方案、校内教育信息化的支持政策及实施方案、技术应用带动课程教学模式创新的优秀案例。学会组织专家认真评审了这些案例，并利用多种形式对被评为优秀案例的示范经验进行了推介推广活动。

　　"高等学校信息技术与高等教育教学深度融合研究"课题组长由学会秘书长康凯担任，副秘书长叶之红负责课题总体设计、组织实施。北京大学汪琼教授任专家组组长，清华大学孙茂松教授、武晓峰教授、浙江大学陆国栋教授、全国高等学校教学研究中心吴博主任、北京联合大学杨鹏教授、南京邮电大学刘永贵教授、南京师范大学张一春教授、南京审计学院张芊教授、宁波大学徐晓雄教授为专家组成员，参加了课题研究、各部分文稿撰写。复旦大学陆昉教授、北京大学赵国栋教授等专家提供了重要的研究成果。浙江中医药大学邵加教授、空军第一航空学院严利华教授等、暨南大学医学院孙立教授、北京第二外国语学院翻译学院魏子杭教授等专家学者等提供了大量的优秀案例和信息资源。学会信息化分会理事长蒋东兴教授对课题立项及调研工作经费给予了大力支持。学会秘书处学术部高晓杰主任具体负责项目组织实施，于洪洪负责联络专家和资料收集工作。北京毕博信息技术有限公司CEO陈永红、副总经理孙伟平、市场部总监胡捷全力支持了案例征集工作。报告由徐晓雄教授负责汇稿，叶之红研究员做全文修改并终审定稿。在此付梓之际，由衷感谢参与课题研究及报告撰写的专家学者们的共同努力！

　　本报告为中国高校信息技术与教学深度融合专题观察报告的第一本，用了一定篇幅进行历史回顾，同时力求做好融合实践现状描述、经验成就总结，以及现实问题的反思。本报告的目标读者为各级政府高等教育主管部门及各高校管理人员，尤其是主管教学工作或信息化业务部门管理者，以及正在积极探索有效教学的全国高校广大教师，一些数据及案例对于高等教育研究者也会有参考价值。由于课题组所涉及的人员、案例、资料、文献是非常庞大的，限于时间与精力局限，资料整理及文字表述必有疏漏之处，敬请谅解和批评指正！

中国高等教育学会秘书处
"高等学校信息技术与教学深度融合研究"课题组
2016 年 12 月 29 日